Emil Klein

Der Bau- und Möbelschreiner

REPRINT – VERLAG
LEIPZIG

Die zum Teil geminderte Druckqualität ist auf den Erhaltungszustand der Originalvorlage zurückzuführen.

Bibliografische Information Der Deutschen Bibliothek
Die Deutsche Bibliothek verzeichnet diese Publikation in der Deutschen Nationalbibliografie; detaillierte bibliografische Daten sind im Internet über http://dnb.ddb.de abrufbar.

Volker Hennig, Goseberg 22–24, 37603 Holzminden
www.reprint-verlag-leipzig.de
ISBN 978-3-8262-1115-4

Reprintauflage der Originalausgabe von 1937
nach dem Exemplar des Verlagsarchives

Lektorat: Andreas Bäslack, Leipzig
Gesamtherstellung: Druckhaus „Thomas Müntzer“ GmbH

Der
Bau- und Möbelschreiner

von

Emil Klein
Studienrat a. D. der „Technischen Lehranstalten"
Offenbach am Main

Vierte durchgearbeitete Auflage
mit 254 Abbildungen

Inhaltsverzeichnis

IV. Verwendung des Holzes.

V. Fertigstellung der Schreinerarbeiten.

VI. Zutaten und dekorative Schmuckmittel.

VII. Entwerfen und Formengebung.

VIII. Veranschlagen.

IX. Geschäftseinrichtung.

Allgemeines.

Unter den vom Bau- und Möbelschreiner verwendeten Werkstoffen ist das Holz der wichtigste.

Alle weiter verwendeten Werkstoffe, seien sie zur Verzierung der Arbeiten, wie Beschläge, Glas, Elfenbein, Stoffe, Leder und andere Zutaten, oder seien sie zur Verbindung des Holzes, wie Leim, Nägel, Schrauben usw., auch die Färbung und Vollendungsarbeiten am Holze, wie Beizen, Anstreichen usw., zur Verschönerung oder zum Schutze desselben, sind Dinge, welche für den Bau- und Möbelschreiner auch sehr wichtig sind, aber erst in zweiter Linie folgerichtig besprochen werden können.

Da bei der Ausführung und Gestaltung von Gegenständen im Schreinergewerbe besondere Rücksicht auf die Art und Beschaffenheit des in Frage kommenden Hauptwerkstoffs genommen werden muß, so ist eine eingehende Kenntnis des Holzes in seinen einzelnen Bestandteilen, in seiner Verschiedenartigkeit, nach seiner Herkunft usw. unumgänglich notwendig.

Es soll daher zunächst das Wichtigste über das Wesen des Holzes und die Behandlung des Rohwerkstoffs gesagt werden.

I. Werkstoffkunde und Behandlung des Werkstoffes.

1. Das Holz.

Mit Holz bezeichnet man die hauptsächlichsten Bestandteile der Bäume, wie Stämme, Äste und Wurzeln derselben.

Das Holz ist mit einer äußeren Schale, der Rinde, überzogen, welche aber für die Verarbeitung des Schreiners völlig wertlos ist.

Schneidet man einen Stamm quer zur Länge desselben durch, so erkennt man an der abgeschnittenen Oberfläche das sogenannte Hirnholz.

Dasselbe besteht aus einer von innen nach außen größer und weiter werdenden Anzahl von Ringen, den sogenannten Jahresringen. Es geht daraus hervor, daß das Wachstum des Baumes von außen in der Weise stattfindet, daß jährlich ein weiterer Ring sich entwickelt und anschließt.

Es ist daher auch aus der Anzahl der Jahresringe das Alter der Bäume ersichtlich.

Naturgemäß ist der innerste Teil des Holzes, das Kernholz oder auch Herz genannt (Abb. 1), am reifsten, sehr dicht, hart und fest.

Nach außen wird das Holz weicher bis zur jüngsten und unreifsten Schichte, dem sogenannten Splint (Abb. 1).

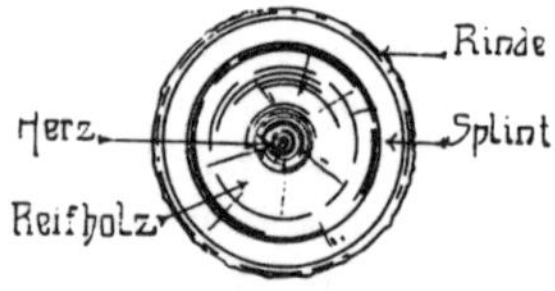

Abb. 1.

Laubhölzer legen jährlich zwei unter sich verschiedene Wachstumsringe an.

Rasch wachsende Hölzer, wie Fichte und Tanne, zeigen klare Jahresringe, während Harthölzer, wie Eiche, Ahorn usw. dunklere Färbung, engere, weniger erkenntliche Jahresringe und ein schwereres Gewicht des Holzes haben.

Das Holzwachstum, welches sehr verschieden ist, beginnt im Frühjahr und endigt im Herbst.

Die Entwicklung des Holzes ist sehr verschieden; während bei Kernholzbäumen der Splint fast direkt in das Kernholz oder Herz übergeht, so fehlt bei den Reifholzbäumen das eigentliche Kernholz.

Von den vier Arten von Bäumen, die man unterscheidet, wie Kernbäume, Splintbäume, Reifholzbäume und Kern-Reifholzbäume, zeigt nur die letztere die drei Entwicklungsformen.

Der Splint, die äußerste nicht ausgereifte, meist scharf begrenzte Holzschichte des Stammes, ist weich und saftreich und kann bei Harthölzern, wie Eiche, Nußbaum, Akazie usw., nicht verwendet werden. Bei den Weichhölzern, wie Tanne, Fichte usw., wird dieselbe aber als minderwertig zu besonderen Arbeiten verwertet.

Das Kernholz, das innerste und dichteste Holz des Baumes, umschließt das Mark, eine weiche, schwammige Masse, welche bei den meisten Nutzhölzern nach und nach verschwindet.

Das Kernholz sowie der Splint sind daher bei Schreinerarbeiten nicht immer zu verwenden, da das erstere sich vielfach stark wirft und reißt, während das letztere sehr weich, locker und daher nicht dauerhaft ist.

Das zwischen Splint und Kernholz liegende Reifholz ist der für den

Schreiner wichtigste und meist zu verwendende Werkstoff, welcher auch bei allen Baumarten besteht.

Das ganze Holz besteht aus einem Gewebe von Fasernbündeln, Röhren und Gefäßen, in welchen der für das Wachstum erforderliche Nahrungsstoff — der Saft — läuft, solange der Baum sozusagen lebt. Nach dem Fällen des Baumes verdunsten die wässerigen Teile des Saftes, während die übrigen Teile in den Holzzellen noch zurückbleiben und so das Arbeiten des Holzes — Schwinden, Werfen, Quellen und Reißen — bewirken.

Am Holze unterscheidet der Schreiner drei Arten:

a) das Langholz (Abb. 3b),
b) das Querholz (Abb. 3c),
c) das Hirnholz (Abb. 3a).

Die Längsseite, dem Wachstum des Holzes, den Fasern nach, wird mit Langholz, die Quer- oder Breitseite mit Querholz und die Stirnseite, das Holz rechtwinklig zur Faserrichtung geschnitten, mit Hirnholz bezeichnet.

Von dem Mittelpunkt des Stammes, dem Mark, ziehen sich strahlenförmig dem Umfange zu die sogenannten Markstrahlen (Abb. 2), nach welcher Richtung hin das Holz gerne aufreißt und leicht zu spalten ist.

Abb. 2.

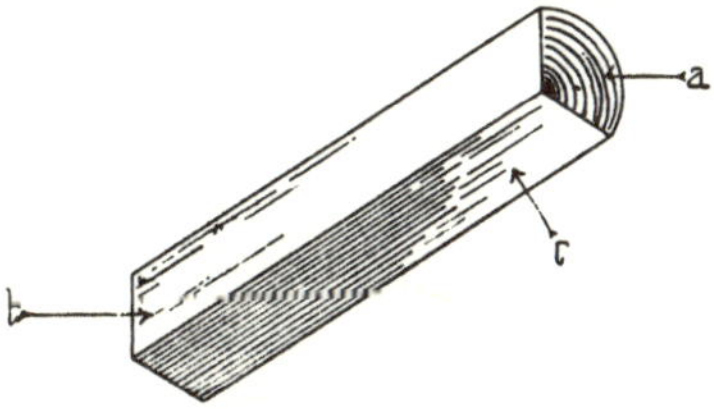

Abb. 3.

An der Oberfläche bilden breitseitig die Markstrahlen den Spiegel des Holzes und geben durch ihre Formen vielfach charakteristische Merkmale einzelner Holzarten.

Da die Fasernbündel des Holzes größtenteils schraubenartig gewunden entlang laufen, so werden beim Spalten desselben die Flächen stets etwas windschief.

In der Festigkeit unterscheidet man drei verschiedene Holzarten:

a) Harte Hölzer, deren Gefüge sehr dicht, die Farbe meistens dunkler und das Gewicht sehr schwer ist. Eine Ausnahme bildet allerdings Ahorn usw., dessen Farbe hell ist.

Harte Hölzer schwinden weniger, reißen und werfen sich aber auch gerne. Harthölzer sind z. B. Eiche, Buche, Esche, Ahorn, Ebenholz, Amarant und andere;

b) Mittelharte Hölzer, wie z. B. Nußbaum, Mahagoni usw.;

c) Weiche Hölzer, wie Tanne, Fichte, Pappel, Lärche, Linde usw. Dieselben haben sichtbarere Jahresringe, lockeres Gewebe, hellere Farbe und ein bedeutend leichteres Gewicht. Sie schwinden sehr stark, arbeiten jedoch anderseits in gutem, getrocknetem Zustande fast nicht und werden aus diesem Grunde größtenteils beim Furnieren auch gerne als Blindholz verwendet.

Nach der Faserstärke unterscheidet man grob- und feinfaserige Hölzer.

Hölzer mit gleichlaufenden Fasern werden schlicht genannt, während Hölzer mit gebogenen, gewellten und verschlungenen Fasern als geflammt oder gemasert bezeichnet werden.

2. Die wichtigsten Holzarten.

Nachstehend werden die im Schreinereibetriebe am meisten verarbeiteten Holzarten unter Angabe ihrer wichtigsten Merkmale und Eigenschaften aufgeführt.

Unter ausländische Hölzer sind solche verstanden, welche in Europa nicht wachsen.

Siehe Verzeichnis Seite 6, 7, 8 und 9.

3. Gewinnung, Behandlung und Pflege des Rohwerkstoffs.

a) Einkauf des Holzes.

Das meiste Holz wird von den Möbelfabriken und Schreinermeistern von den Holzhändlern in fertiger Schnittware als Dielen, Bretter, Rahmenschenkel, Latten, in Dicken, Längen und Breiten gekauft, wie dieselben am meisten zur Verarbeitung notwendig sind.

Um gutes und zweckmäßiges Holz einzukaufen, tut man am besten, dasselbe sich selbst an Ort und Stelle auszusuchen.

Bei dem gewöhnlichen Holz, wie Tanne, Fichte und Kiefer, unterscheidet man Ausschußware, halbreines und ganzreines Holz.

Hierbei ist zu beachten, daß man bei Brettern keine windschiefen oder überspänigen bekommt.

Bei dem Einkauf von Hartholz ist besonders darauf zu achten, daß man Schnittware von möglichst ganzen Stämmen aussucht, damit das

Holz beim Zusammenbau von ganzen Möbeln einigermaßen gleichmäßig ist und zusammenpaßt.

Soll das Holz zu gebeizten Möbeln verwendet werden, so darf es nicht zu viel Spiegel haben, da dieselben sich nicht gut beizen lassen.

Beim Einkauf von Furnieren verfahre man ebenso, da für ganze Möbelstücke gleichmäßige Farbe und passende Maserung erforderlich sind.

Werden ausländische Harthölzer am Blocke gekauft, so muß derselbe, um die richtige Farbe zu erkennen, mit dem Beil angehauen werden, da dieses Holz außen in der Regel eine andere unausgesprochene Farbe hat.

Mahagoni sieht in der Regel außen dunkelbraun und Palisander schwarz aus.

Hat der Block beim Anschlagen an der Stirnseite mit einem Hammer einen hellen Klang, so kann man annehmen, daß das Holz durchaus gesund ist.

Wird gefälltes Holz am Stamme im Wald oder Feld gekauft, so beachte man bei einer Untersuchung über die Güte des Holzes die unter I 3 b aufgeführten Krankheiten und Fehler des Holzes.

Um zu untersuchen, ob das Holz s t o c k i g ist, löst man ein Stück Rinde vom Stamme ab. Sind darunter weiße Stellen, so hat das Holz schon angefangen, stockig zu werden.

Besonders sei aufmerksam gemacht auf verdrehte, windschiefe Stämme, und auf die an der Rinde befindlichen offenen oder vernarbten Klüften, da in der Regel solche Stämme mit letzteren im Innern nach der Faserrichtung gespalten sind und dann die daraus geschnittenen Bretter beim Trocknen auseinanderfallen.

Besonders kommt dies bei Kirschbaum, Nußbaum und Eiche vor.

Nächst der Güte und Brauchbarkeit des Holzes ist beim Einkauf desselben auch das richtige M a ß zu prüfen.

Ganze Stämme werden nach Kubikmetern gekauft. Der Kubikinhalt eines Stammes, welcher durchweg eine ziemlich gleiche Stärke hat, wird in der Weise berechnet, daß man dessen Schnittfläche mit seiner Länge oder Höhe vervielfacht.

Da die meisten Stämme eine kreisförmige Schnittfläche haben, so muß zuerst der Flächeninhalt dieser festgestellt und dann mit der Stammlänge vervielfacht werden.

Also hat ein Eichenstamm eine Länge oder Höhe von 7,20 Metern mit einem mittleren Durchmesser von 80 Zentimeter, so hat die Schnittfläche desselben Halbmesser mal Halbmesser mal der Zahl 3,14 oder $40 \cdot 40 \cdot 3{,}14 = 5024$ Quadratzentimeter.

Inländische und ausländische Hölzer.

a) inländische Hölzer.

Namen	Holzart	Farbe	Besondere Eigenschaften	Heimat
Tanne, Edeltanne, Weißtanne	Reifholzbaum	lichtgelb	weich, harzfrei, mit breitem Splint und ohne Kernholz	Mittel- u. Nordeuropa, Sibirien
Fichte, Rottanne	"	gelblich bis rötlichweiß	sehr zart, harzig	"
Kiefer, Föhre	Kernholzbaum	gelblich, rötlich, braunrot	weich, harzreich und schwer zu bearbeiten	Mittel- u. Nordeuropa
Lärche	"	Kernholz rotbraun, Splint hellgelb	spröde, grobfaserig, läßt sich gut arbeiten und schnitzen	Mitteleuropa
Eiche, Sommereiche, Wintereiche	"	gelblich oder gelbbraun	hart, breite Markstrahlen und charakteristische Spiegel. Langfaserig	Europa
Nußbaum	"	graubraun bis rotbraun	mittelhart, schön geflammt u. gemasert. Ist gut zu arbeiten u. polieren	Europa und Asien
Ahorn, Bergahorn, Spitzahorn	Splintbaum	weiß bis gelblichweiß	hart und spröde, ist gut zu arbeiten und polieren	Europa

Buche, Rotbuche . . .	Reifholzbaum	rötlich bis rötlichbraun	hart, stark arbeitend und schwindend, läßt sich gut polieren und beizen	Europa und Orient
Linde, Sommerlinde, Winterlinde	„	rötlichweiß	weich, sehr geeignet zu Blindholz und läßt sich gut schnitzen	Europa
Esche	Kern-Reifholzbaum	weißlichgelb, im Kern braun	hart und zäh, geflammt und schön gemasert	Europa und Orient
Erle, Schwarz-, Rot-, Weiß- und Grauerle .	Splintbaum	weißlichhell, rötlich bis hellbraun	weich, leicht, brüchig und gut spaltbar	Europa
Esche, Ungarische Esche	Kern-Reifholzbaum	weißlichgelb, im Kern braun	hart, sehr zähe und doch elastisch. Sehr schön gemasert	Orient und Europa
Pappel, Waldpappel . . (Kanadische Pappel, Silber- od. Weißpappel, Schwarzpappel, Zitterpappel, italien. Pappel)	Kernbaum, auch zum Teil Splintbaum	weiß, gelblichweiß, grauweiß	sehr weich, elastisch, wenig schwindend und arbeitend. Nicht glatt zu hobeln. Oftmals wertvolles Zierholz; sehr viel verwendet als Blindholz	Europa, Asien und Amerika
Birke, amerikanische Kirschbirke	Splintbaum	hell, graurötlich	weich, stark arbeitend, wenig dauerhaft	Europa und Amerika
Ulme, Rüster	Kern-Reifholzbaum	rötlich, rotbraun, braun	mittelhart, gut zu polieren und zu beizen	Europa, Asien
Roßkastanie	Kernholzbaum	gelblichweiß	weich, wird, weil sehr leicht, als Blindholz verwendet	Europa, hauptsächlich Orient

Namen	Holzart	Farbe	Besondere Eigenschaften	Heimat
Birnbaum	Reifholzbaum	rötlich, rotbraun	hart, für Schreiner-, Drechsler- und Holzschnitzerarbeiten sehr viel und gern verwendet. Eignet sich gut zur Nachahmung v. Ebenholz usw.	Europa
Apfelbaum	Kernbaum		hart, wenig dauerhaft, dem Birnbaum ähnlich	Europa
Kirschbaum	„	rot oder rotbraun	hart, wenig dauerhaft, gutes Drechslerholz	Europa und Orient
b) ausländische Hölzer.				
Pitch-pine, amerikanische Kiefer, Pechkiefer	Kernholzbaum	gelb, Jahresringe rotbraun	hart, wenig gut zu arbeiten	Neuengland Virginien
North-Care-pine	„	gelblich und rotbraun	halbhart, reißt gern, schöne Maserung	„
Akazie	„	weißgelb, gelbgrün	hart, sehr zäh, elastisch und dauerhaft. Gutes Drechslerholz	Nordamerika
Amerik. Nußbaum . . .	„	rötlichbraun	mittelhart, schlicht und sehr gut zu arbeiten	„
Zedernholz	„	rötlich	weich, dauerhaft u. leicht	„
Stechpalme	„	weißlichgelb	weich	„

Mahagoni	Kernholzbaum	gelbrot, braunrot	sehr hart und schwer, wenig schwindend und arbeitend, gut zu polieren	Mittelamerika u. westind. Inseln, Afrika, Asien
Palisander	„	dunkelbraun, schw. geflammt	sehr hart, spröde, gut zu polieren	Australien, Brasilien
Ebenholz	„	schwarz und grünlich	sehr hart u. schwer, wird viel nachgeahmt	Asien, Afrika, Südamerika, Ostindien
Vogelahorn	„	weißlich	eigentümlich hübsch, mit Augen gemasert, als Furniere für Füllungen gern verwendet	Nordamerika
Rosenholz	„	gelb u. braun rot gestreift fleischfarbig	hart und schwer, lebhaft gestreift	Südamerika und Asien
Amarant	„	rötlich bis tief purpurrot, auch dunkelrot	hart, spröde, die Poren erscheinen hell auf dunkel	Südamerika
Satin, Seidenholz . . .	„	gelblich, seidenartig glänzend	sehr hart und schwer	Ostindien, Westindien, Zentralamerika
Violettholz, Königsholz .	„	roter Grund, violett gestreift und gemasert	sehr hart und schwer	Jamaika
Kokosholz	„	zimtbraun	sehr hart und schwer metallisch klingend, gutes Drechslerholz	Kuba, Jamaika
Zitronenholz	„	gelb oder weißlichgelb	sehr hart und zähe, wenig klare Struktur	Asien

Diesen Flächeninhalt vervielfacht mit der Länge des Stammes, also 5024 qcm × 720 cm = 3,617 cbm. Wenn 1 cbm Eichenholz 180 Reichsmark kostet, so kosten 3,617 cbm × 180 = 651,06 Reichsmark.

Also kostet der Eichenstamm mit 3,617 Kubikmetern 651,06 Reichsmark.

Werden Vierkanthölzer oder Bohlen gekauft, so wird in derselben Weise verfahren. Den Kubikinhalt findet man, indem man Höhe, Breite und Länge vervielfacht.

Bretter werden nach Quadratmetern, Flächeninhalt und Zentimetern Stärke berechnet.

b) Fehler und Krankheiten des Holzes.

Wenn auch, wie schon bereits dargetan, der Fabrikant und Kleinmeister durch die Leistungsfähigkeit der Sägewerke und Holzhandlungen nicht mehr so gezwungen ist, direkt sein Holz im Walde, am stehenden Stamm zu kaufen, so kommt doch dieser Fall noch häufig besonders in gewissen Gegenden auf dem Lande vor. Da es im allgemeinen schwer ist, einen noch stehenden Baum für den Ankauf auf seine Fehler und Gesundheit zu beurteilen, so seien doch nachstehend hierfür einige praktische Winke gegeben.

Ein gesunder Baum muß einen schönen, gerade gewachsenen Stamm mit guter, unverletzter und dichter Rinde haben. Die Laubkrone soll voll und üppig sein.

Ist ein Teil des Wipfels abgestorben, die Rinde durchlöchert und teilweise abgefallen, so ist dies ein sicheres Zeichen von Krankheit.

Auch den Stamm bedeckende Flechten und Moosarten lassen auf keinen guten Zustand des Holzes schließen.

Außergewöhnliche Erhöhungen, Auswüchse und Knorren am Stamme müssen angebohrt werden.

In allen Fällen ist das Anbohren eines Stammes das sicherste Zeichen zur Erprobung der Güte.

Große Harzbeulen sowie das erkennbare Hacken des Spechtes sind ebenfalls untrügliche Zeichen für Krankheit. Bäume mit fehlerhaftem Wuchs, Verdrehung des Stammes durch Wind, Kälte und Windrisse, sowie mit abgerissenen Ästen, durch welche das Regenwasser bis ins Herz eindringen kann, liefern kein gutes, brauchbares, sondern im letzteren Falle sogar faules Holz.

Bäume, welche im geschlossenen Walde stehen, geben schlichtes, geradfaseriges Holz, während dasselbe von am Rande des Waldes oder freistehenden Bäumen, welche dem Wind zu sehr ausgesetzt sind, verdrehtfaserig und oft stellenweise hohl ist, was von außen nicht leicht beobachtet werden kann.

Der letztere Fehler ist einigermaßen durch das Anklopfen mit Hammer oder Axt festzustellen.

Ist der Klang an der von Rinde befreiten Stelle hohl und dumpf, so ist der Stamm nicht normal und gesund.

Bäume, welche auf fettem, feuchtem, sumpfigem Boden wachsen, geben ein weicheres, lockeres Holz, während solche auf magerem Boden, in Steinklüften und Felsen, wohl sich langsamer entwickeln, aber einen dichten, festen, vortrefflichen Werkstoff für den Schreiner liefern.

c) Fällen des Holzes.

Obwohl in manchen Gegenden aus verschiedentlichen Gründen im Sommer Holz gefällt wird, so ist doch in der Hauptsache von Fachleuten der Winter als die beste Fällzeit anerkannt.

In dem Wachstum der Bäume ist zu dieser Zeit ein gewisser Stillstand eingetreten, die Safttätigkeit läßt nach, der Neubildungsprozeß ist beendet, und der Werkstoff ist am reifsten.

Allein im Hochgebirge verhindert der große Schnee vielfach das Fällen des Holzes zur Winterszeit und ist auch teilweise erwiesen, daß das im Sommer dort gefällte Holz an Güte dem anderwärts im Winter gefällten Holz nicht viel nachsteht. Das im Sommer gefällte Holz trocknet verhältnismäßig nicht so rasch, da dann der Stamm in seinem vollen Saft steht.

Dieses Holz reißt gerne, läßt sich nicht glatt verarbeiten und bleibt auch nicht stehen.

Das gefällte Holz, außer Eiche, muß möglichst bald abgefahren werden, da durch die Feuchtigkeit Hölzer wie Erle und Buche stockig und Nadelhölzer blau und fleckig werden.

Können die Stämme nicht gleich abgefahren werden, so müssen dieselben ganz oder nur stellenweise *entrindet* werden, um sie vor *Wurmfraß* zu schützen.

Bei dem vollständigen Entrinden des Stammes, durch das der Trockenvorgang durch Luft und Wärme rascher vor sich geht, ist ein Reißen des Holzes nicht ausgeschlossen, insbesondere wenn die Sonne darauf brennt.

Aus diesem Grunde werden vielfach die Stämme nur *geplättelt*, das heißt, es wird unregelmäßig, stachelförmig die Rinde an vielen Stellen mit dem Beil gelöst.

d) Schneiden des Holzes.

Das Schneiden des Holzes zu Rohwerkstoffen für den Schreiner in Dielen, Brettern, Rahmenschenkeln, Latten usw. geschieht auf verschiedene Arten, je nach der Sorte und Verwendung desselben.

Bei der gewöhnlichen Ware wird der Stamm in der Weise in gleichmäßig starke Bretter geschnitten, daß das Herz auf die mittlere stärkere Bohle fällt (Abb. 4). Außen fallen rechts und links die bereits aus lauter Splint bestehenden Schwarten ab, welche in der Regel unbrauchbar sind.

Bei der sogenannten gesäumten Ware (Abb. 5) fallen vier Schwarten und oft in einer Stärke ab, daß hieraus noch schmälere Bretter und Latten geschnitten werden.

Was die verschiedenen Dickten des aus einem Stamm zu schneidenden Werkstoffs anbetrifft, so richtet sich dies ganz nach der Bewegung, Form und Güte des gewachsenen Stammes.

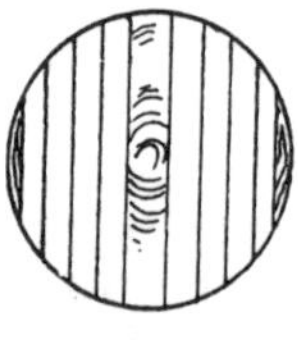

Abb. 4.

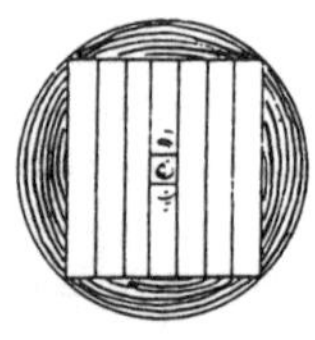

Abb. 5.

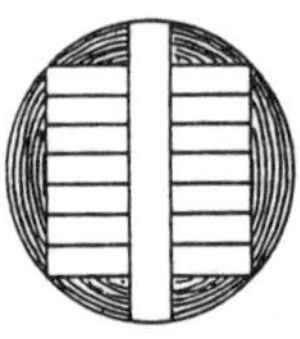

Abb. 6.

Abb. 7.

Für die Herstellung von Fußbodenriemen müssen die Bretter so geschnitten werden, daß am Hirnholz derselben stehende Jahresringe zu erkennen sind (Abb. 6 und 7).

Die Fußböden bleiben auf diese Weise immer glatt, werden nicht schliefrig und sind dauerhafter.

e) Aufbewahren des Holzes.

Das im Sägewerk frisch geschnittene Holz, sowie auch das vom Holzhändler bezogene ältere Holz muß eine sorgfältige Aufbewahrung erfahren.

Nicht allein der Schutz vor den Unbilden der Witterung, wie Regen, Sonne und starker Zugluft genügt, sondern dasselbe muß auch in richtiger Weise aufgesetzt sein und ruhen können.

Das schönste Holz kann bei einer nachlässigen Behandlung in dieser Hinsicht unbrauchbar werden und sogar verderben.

Zur Aufbewahrung ist ein mit Läden versehener oder mit Latten teilweise zugeschlagener Schuppen am besten.

Die geschnittenen Dielen oder Bretter müssen in der Weise aufgestapelt werden, daß immer zwischen zwei Stücken in einer gewissen Entfernung gleichmäßig starke Lattenstücke gelegt werden. Bei einer Länge von 4—6 m genügen vier Unterlagen.

An den beiden Enden der Bretter sind je bindig Lattenstücke zu legen, da an diesen freien Enden das Holz sonst rascher trocknen und daher gerne einreißen würde.

Auch ist aus dem letzterwähnten Grunde sehr zu empfehlen, das Hirnholz mit Brettern zuzuschlagen, mit Papier zu verkleben, oder mit Ölfarbe, auch Leim, zu bestreichen.

Die Unterlage des Holzes muß gut und waagrecht sein, auch darf das Holz nicht direkt auf dem Boden sitzen, damit es nicht von dort feucht wird.

Die Luft muß gleichmäßig das Holz umziehen können, ist dies nicht der Fall und sind die Unterlagen nicht gut und gleichmäßig verteilt und stark, so wird das Holz windschief und reißen.

Nach Jahresfrist ist das Umsetzen des Holzes erforderlich, damit auch die durch die Lagerhölzer verdeckten Stellen austrocknen können.

Um das Trocknen des Holzes zu beschleunigen, ist zu empfehlen, das Holz aufrecht zu stellen. Dabei ist zu beachten, daß der Boden oder die Unterlage sehr trocken ist, daß die Bretter gleichmäßig entfernt voneinander stehen und sich nicht verziehen und windschief werden.

Läßt man frisch geschnittenes Holz längere Zeit unaufgestapelt liegen, so wird dasselbe blau- und schwarzfleckig, bricht leicht und verstickt oder wie der Schreiner sagt, es wird stockig.

Zu gewissen Arbeiten bei Möbeln ist dieses Holz noch zu verwerten, ja es hat sogar Vorteile, es arbeitet nicht mehr, es bleibt stehen, da es gewissermaßen tot ist.

f) Veränderungen des Holzes.

Aus dem vorgehenden Abschnitt „Aufbewahrung des Holzes" ist zu entnehmen, daß das Holz gewissen Veränderungen nach der Art seiner

Bestandteile unterworfen ist und mehr oder weniger sich bewegt und arbeitet.

Vor allen Dingen gebraucht der Schreiner für seine Arbeiten trockenes Holz, eine Lebensfrage und Hauptsache für denselben.

Die Zellen der Holzfasern schließen den Saft, die Nahrung des lebenden Baumes ein.

Wie nun einerseits der Saft für den wachsenden Baum unentbehrlich ist, ebenso ist andererseits derselbe für das frischgeschnittene Holz ein gefährlicher Feind. Er kann in Fäulnis übergehen und Nahrung für den Wurmfraß werden.

Es muß daher dem Holz in der Hauptsache der Wassergehalt, der Saft, entnommen werden, was durch das Trocknen desselben geschieht, und was aber auch gleichzeitig eine Veränderung desselben durch das Schwinden — oder Zusammenziehen — bewerkstelligt.

Da selbst trockenes Holz immer noch einen gewissen Prozentsatz Wasser enthält und auch noch andere Bestandteile je nach der Art der Trocknung in den Zellen bleiben, so wird durch Einwirkung von feuchter Luft das Holz alsbald sich ausdehnen, es wird quellen.

Je nach seiner Art wird es sich ungleichmäßig ausdehnen oder zusammenziehen und dadurch auch sich werfen, drehen, reißen und windschief werden.

Das Trocknen des Holzes, zum Teil auch Imprägnieren und Töten desselben geschieht auf verschiedene Arten, je nach der Art des Werkstoffs und seiner späteren Verwendung.

Der natürlichste Trockenprozeß ist bereits unter dem Absatz „Aufbewahren des Holzes" aufgeführt. Es ist das Trocknen des Holzes durch pünktliches Aufstapeln in einem offenen Schuppen.

Es erfordert allerdings eine Reihe von Jahren, und gebrauchen weiche Hölzer etwa 2—3 Jahre und harte Hölzer, wie Eiche, etwa 4—6 Jahre.

Da dieser langsame Trockenprozeß der Farbe und der Festigkeit, vielmehr Güte des Holzes erfahrungsgemäß zuträglicher ist, als die künstliche Trocknung, so wird dieses Verfahren von den meisten Schreinern vorgezogen.

Große, kaufmännisch geleitete Möbelfabriken und Baugeschäfte wenden durch den raschen Holzverbrauch die künstliche Trocknung durch Heizung, Dampf usw. an.

Ist das Holz einige Jahre durch Luft im Freien getrocknet, so ist das weitere Trocknen in einem Trockenofen der Werkstätte zu empfehlen, da man auf diese Weise den besten Werkstoff für den Schreiner erhält.

Das Schwinden des Holzes erfolgt um so mehr, als dasselbe saftreich ist und je stärker es der Wärme ausgesetzt wird.

Die weichen Hölzer schwinden mehr als die harten, ebenso schwinden die einzelnen Teile des Stammes verschieden, Splint mehr als Reifholz, und dieses wieder mehr wie das Herzholz.

Nach der Länge, dem Wachstum des Holzes nach, schwindet dasselbe so wenig, daß der Schreiner eigentlich nicht mit zu rechnen braucht.

Nach der Breitseite hin, dem Querholz, schwindet dasselbe um so mehr, und zwar Stücke aus der äußeren Seite des Stammes mehr, wie aus der Mitte desselben.

Durch das ungleichmäßige Schwinden von Splint-, Reif- und Kernholz entsteht auch das Reißen des Holzes, und durch die oftmals gewundene Faserrichtung das Verdrehen desselben.

Das Schwinden des Holzes erfolgt solange, als bis dasselbe entweder durch Luft oder künstlich getrocknet ist.

Frisches Holz enthält dem Gewicht nach 40—50 % Feuchtigkeit. Diesen Prozentsatz auf das für die Verarbeitung erforderliche Maß herabzusetzen ist der Zweck der künstlichen Holztrocknung. Durch die künstliche Holztrocknung ist die Möglichkeit eines rascheren Kapitalumsatzes und kürzerer Lieferfristen gegeben, was wirtschaftlich heute in Betracht gezogen werden muß. Bei diesem Verfahren bedient man sich derselben Mittel wie bei der Naturtrocknung, nämlich der Wärme, Feuchtigkeit und Luftbewegung.

Für die künstliche Trocknung gibt es verschiedene Verfahren, von denen nachstehend drei bewährte Arten angeführt werden.

a) In einem entsprechenden hohlen Raum, welcher mit Holzlagern versehen ist, wird durch besondere Feuerung das darin aufgestapelte Holz mit Wärme von allen Seiten umspült.

Die Temperatur wird langsam bis auf zirka 50° R erhöht und das Holz derselben ungefähr 10—14 Tage ausgesetzt.

Es muß jedoch Sorge getragen werden, daß die sich bildende feuchte Luft einigermaßen abziehen kann.

Es ist überhaupt eine Luftbewegung (Ventilation) für den Trockenprozeß von nicht geringer Bedeutung.

b) In eine verhältnismäßig große, hohle Kammer wird durch eine besondere Bauart von Röhren der Abdampf der Dampfmaschine geleitet und so das in dem Raum aufgestapelte Holz, welches von den Röhren einen gewissen Abstand haben muß, mit heißer Luft umspült.

Die entstehende feuchte Luft wird durch einen ständig gehenden Ventilator abgezogen.

c) Das beste Verfahren ist aber, der Trockenkammer die heiße Luft direkt durch einen Exhaustor zuzuführen.

In allen Fällen ist es aber empfehlenswert, das Holz vor Verbringen zur künstlichen Trocknung erst einigermaßen an der Luft zu trocknen.

Es wird dadurch erzielt, daß das Holz langsamer und natürlicher trocknet, wodurch dasselbe weniger reißt und sich weniger verzieht.

Besonders ist zu erwähnen, daß Holz, welches grün zur künstlichen Trocknung kommt, hernach nicht direkt verarbeitet werden soll, da dasselbe durch die Außenluft wieder zu arbeiten beginnt.

Da die verschiedenen Hölzer in dieser Hinsicht eine besondere Behandlung erfordern, wie z. B. Weichhölzer gegen empfindliche Harthölzer, so ist auch bei der Wahl einer solchen Anlage besondere Vorsicht geboten. Die Rentabilität einer solchen Anlage richtet sich nach der Art des Betriebes, ob kleiner Handwerksbetrieb oder Fabrik.

Vor der Einrichtung solcher Anlagen wende man sich zur Auskunft an auf diesem Gebiet erfahrene und erprobte Fachleute, wie z. B. Beno Schilde, Maschinenbau A.-G. in Hersfeld, die vollkommen solche Anlagen bauen.

Abgesehen von dem sogenannten Töten des Holzes, welches aber demselben seine besten Eigenschaften nimmt an Festigkeit, Geschmeidigkeit, schöner Farbe usw., wird dasselbe durch öfteren Temperaturwechsel sich bewegen und somit gewissermaßen immer lebendig bleiben.

Es ist somit Aufgabe des Schreiners, bei der Verbindung der Hölzer auf die Bewegung derselben zu achten und so dieselben zusammenzustellen, daß sich diese fortwährenden Bewegungen gegenseitig aufheben und dadurch ein Auseinandergehen des Zusammenbaus so gut wie möglich verhindern.

II. Werkzeuge und Maschinen für Holzbearbeitung.

A. Des Rohwerkstoffs.

Das im Wald gefällte Nutzholz wird in den Sägewerken zu Brettern, Bohlen und Balken geschnitten.

Es geschieht dies auf verschiedene Arten und mit besonderen Maschinen.

Die hierzu hauptsächlichst in Betracht kommenden Maschinen sind die Vertikalgattersägen, Horizontalgattersägen, Kreissägen und Vertikalblockbandsägen.

Bei den Gattersägen unterscheidet man solche, welche nur mit einem Sägeblatt arbeiten, und Vollgatter, welche gleichzeitig mit mehreren eingespannten Sägeblättern schneiden.

Die Vertikalgattersäge (Abb. 8)*) bewegt in einem auf- und abwärtsgehenden Rahmen oder Gatter ein oder mehrere eingespannte Sägeblätter.

Sie ist die meist verwendete Gattersäge, weil eben ein vollständiger Stamm, je nach dem Einsetzen und der Zahl der Sägeblätter auf einmal, das heißt auf einem Gang in mehrere Teile geschnitten werden kann.

Dieselbe bewährt sich besonders beim Massenschnitt.

Der Stamm wird durch die angetriebenen Walzen des Gatters vorwärtsbewegt und nimmt die Wagen mit, die lediglich zur geraden Führung des Stammes dienen.

Die Horizontalgattersäge mit einem Sägeblatt (Abb. 9)*) hat wieder andere Vorteile und wird meistens zum Schneiden von wertvollen Hölzern verwendet.

Nicht allein, daß die Säge bzw. das Sägeblatt schwächer in der Dicke ist und hierdurch weniger Schnittverlust ergibt, wie bei dem Vertikalgatter, läuft auch diese Maschine rascher und mit weniger Kraftaufwand.

Das Schneiden einzelner Stämme in nicht gleichen Stärken ist leichter zu bewerkstelligen, weil das Sägeblatt nicht ausgespannt zu werden braucht und beliebig rasch auf- und niedergestellt werden kann.

Bei kräftigen Horizontalgattern kann man auch, wenn die Schnittbreite nicht zu groß ist, mit 2—4 Sägeblättern arbeiten.

Aus diesem Grunde ist diese Art Säge auch für das Lohnschneiden sehr zu empfehlen.

Auch das Aufstellen einer solchen Säge ist billiger, da keine so tiefen Fundamente wie oftmals bei dem Vertikalgatter notwendig sind, weil die ganze Maschine oberhalb des Fußbodens zu liegen kommt.

Die Besäum-Kreissägen werden zum Säumen des Stammholzes benützt (Abb. 10)*). Auch wird dieselbe zum Quer- und Langholzschneiden verwendet.

---

*) Abb. 8, 9, 10 siehe Bilderanhang.

Verwendung finden diese Sägen überall da, wo schnell lange, gerade Schnitte an Brettern, Latten, Leisten, Bohlen, breiten Tafeln usw. auszuführen sind. Ferner auch um Rundholz, Stammenden usw. zu Kantholz zu schneiden, wenn die entsprechenden Aufspannapparate vorhanden sind. Je nach der Schwere der Arbeit kann an diesen Maschinen der Vorschub durch Hand, Handkurbel und Drahtseil oder auch selbsttätig erfolgen.

Die Blockbandsäge mit selbsttätigem Zufuhrwagen (Abb. 11)*) dient zum Schneiden von harten und weichen Hölzern in Bohlen, Bretter und Dickten.

Der Vorzug dieser Säge besteht in einem sehr geringen Schnittverlust.

Die vertikale Hochleistungs-Blockbandsäge ist wohl die leistungsfähigste Säge zur Bearbeitung des Werkstoffs.

Die Blattgeschwindigkeit beträgt etwa 30—40 m/sek. Die Leistung beträgt beim Bretterschnitt etwa das Sechsfache eines modernen Horizontalgatters. Die Blockbandsäge arbeitet mit 1,4 bis 1,5 mm starken Blättern und erreicht dadurch einen viel geringeren Schnittverlust wie die übrigen Sägen. Sie ist aus diesem Grunde schon bei der Verarbeitung von harten und wertvollen Hölzern die unentbehrlichste Säge in jeder Hinsicht.

Die abgebildeten Maschinen 8—11 sind Erzeugnisse der Maschinenbauanstalt Kirchner & Co. A. G. in Leipzig, wohl die größte und leistungsfähigste Firma für alle Holzbearbeitungsmaschinen.

B. Der Schnittware.

1. Werkzeuge des Schreiners.

Die Werkzeuge des Schreiners sind so vielfach verschieden und haben in den letzten Jahren so viele Verbesserungen durch neue Erfindungen erfahren, daß hier nur das hauptsächlichste, zweckmäßigste und neueste besprochen werden soll.

Abgesehen von den Werkzeugen, welche jeder einzelne Arbeiter mehr oder weniger besitzt, unterscheidet man zwei Arten:

a) Werkzeuge, welche jeder Arbeiter vom Meister zur alleinigen Verwendung übergeben erhält.

b) Werkzeuge, welche verschiedenen Arbeitern oder überhaupt zur allgemeinen Benutzung zur Verfügung stehen und nur in einem oder einzelnen Stücken vorhanden sind.

---

*) Abb. 11 siehe Bilderanhang.

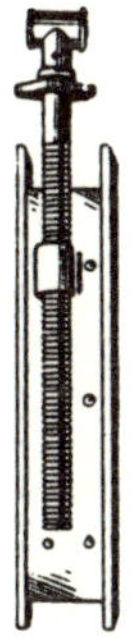

Abb. 12. Hinterzangenführung.

Von den ersteren Werkzeugen ist die Hobelbank das wichtigste, da dieselbe das zu bearbeitende Holz festzuhalten hat. Dieselbe besteht aus dem Untergestell, dem Blatt, der vorderen und hinteren Zange.

Besonders zu erwähnen und vorzuziehen ist eine Bank mit eisernen Spindeln (Abb. 12), welche die beiden Zangen vor- und rückwärts bewegen müssen.

An jeder Bank ist im Blatt eine längliche, schalenartige Vertiefung angebracht, welche zur Aufnahme des Kleinwerkzeuges dient.

Man unterschcidet zwei Arten von Bänken:
a) mit französischer Vorderzange,
b) mit deutscher Vorderzange.

Für den Schreiner ist die letztere besser, weil die Fläche des Backens in derselben größer ist und größere Flächen eingespannt werden können (Abb. 13).

Dem Bauschreiner ist die erstere zweckmäßiger, insbesondere zur Anfertigung von Fenstern usw.

Weitèr wichtige Werkzeuge sind die Sägen, welche zum Zerschneiden des Holzes dienen.

Man unterscheidct verschiedene Arten von Sägen, zum Teil solche mit und ohne Gestell, und solche mit und ohne Spannvorrichtung.

Die Sägen mit Gestell und Spannung bestehen aus (Abb. 14) dem Sägeblatt, den Sägearmen mit Mittelsteg und Spanner samt Schnur, den Angeln und den Hörnern.

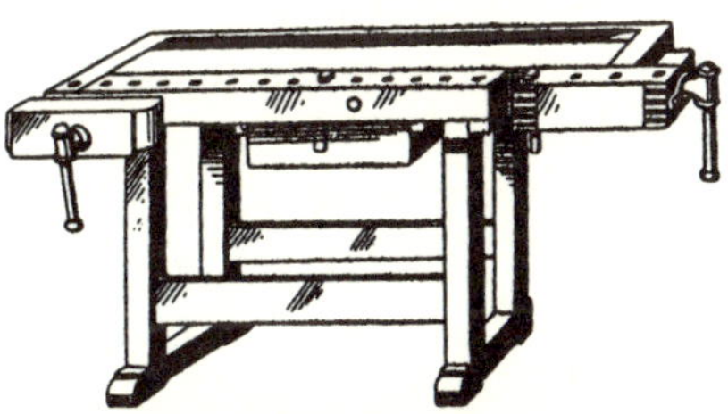

Abb. 13. Hobelbank.

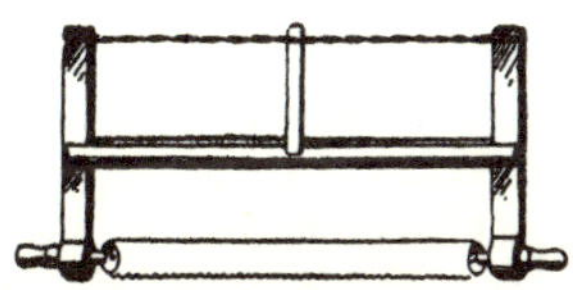

Abb. 14. Spann- und Absetzsäge.

Statt der Spannung mit Schnur wird auch vielfach eine eiserne Spannvorrichtung als sehr zweckmäßig angewendet.

Vorteilhaft ist die Verwendung von Sägeblättern, an welchen die Angeln an- und abnehmbar sind, da man abgenützte Sägeblätter dann durch Versetzen der Löcher noch weiter verwenden kann. Von ganz besonderer Wichtigkeit für die Leistungsfähigkeit der Säge ist das Schränken und Feilen der Zähne.

Je nach der Art der Verwendung der Säge, müssen die Zähne verschieden weit und verschieden in der Zahl geschränkt werden.

Um ein Klemmen und Zwängen des Sägeblattes beim Gebrauch zu verhüten, müssen die Zähne geschränkt, das heißt nach beiden Seiten auswärts gebogen sein.

Beim Feilen der Zähne ist besonders zu beachten, daß dieselben in einem nicht zu spitzen Winkel gefeilt werden. Die Zähne müssen außerdem gleich groß und hoch sein, auch eine gerade Schneidfläche haben.

Sind die Zähne zu spitz, so reißt beim Querholzschneiden unsauber das Holz aus.

Das Schränken geschieht auf verschiedene Arten, durch Schränkeisen, Zange (Abb. 15) und Schränkapparat.

Abb. 15. Schränkzange.

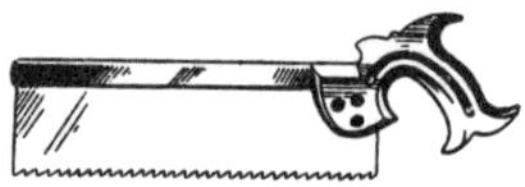

Abb. 16. Fuchsschwanz.

Letzteres selbsttätig, von Hand oder maschinelle Kraft getrieben.

Das Feilen von Hand geschieht mittelst dreikantigen sogenannten Sägefeilen oder auch selbsttätig durch Maschinen. Die Faustsäge wird zum Zerschneiden und Zurichten des Holzes verwendet.

Großgezahnt, sehr weit geschränkt mit einem Zahn nach rechts, einem gerade und einem nach links gewendet.

Die Hand- oder Schlitzsäge wird zum Schlitzen und zur allgemeinen Arbeit benutzt.

Kleiner gezahnt und weniger weit geschränkt mit Zähnen abwechslungsweise nach rechts und links gewendet.

Die Absetzsäge ist etwas kleiner wie die Handsäge und dient zum Abschneiden von Zapfen, zum Schneiden von Gehrungen und feineren dünneren Teilen.

Fein gezahnt und weniger geschränkt.

Die Schweifsäge wird besonders zu bewegten und auch durchbrochenen Möbelteilen verwendet.

Dieselbe hat ein viel schmäleres Blatt wie die übrigen Sägen, was auch an einer Seite ausgehängt werden kann.

Zahnung und Schränkung verschieden, wie bei den vorhergehenden Sägen, und je nach der Art der Verwendung.

Sägen ohne Gestell und Spannung.

Der Fuchsschwanz (Abb. 16) mit abnehmbarem Rücken dient zum Nachschneiden von gezapften Teilen, besonders findet er Verwendung an Gegenständen, wo mit den Gestellsägen nicht beizukommen ist.

Die Loch- oder Stichsäge (Abb. 17) wird zum Ausschneiden von Teilen benützt, wo die sämtlichen anderen Sägen ihrer Größe und Form wegen nicht angewendet werden können.

Die Gratsäge wird benutzt zum Einschneiden von Gräten für Einschubleisten usw. (Abb. 18).

Nächst den Sägen ist der Hobel das unentbehrlichste Werkzeug für den Schreiner.

Er dient in der Hauptsache zum Abnehmen und Glattarbeiten der Holzflächen, auch zum Kehlen und Profilieren derselben.

Während die gewöhnlichen Hobel außer dem Hobeleisen aus Holz bestehen, sind die modernen Patenthobel vollständig aus Eisen und Stahl hergestellt.

Abb. 17. Lochsäge.

Abb. 18. Gratsäge.

Abb. 19. Schlichthobel.

Der Schlichthobel (Abb. 19) hat nur ein Eisen und dient hauptsächlich zur Vorarbeit. Sein Eisen ist der Breite nach etwas leicht gewölbt geschliffen.

Der Doppelhobel (Abb. 20), welcher ein Eisen mit der sogenannten Klappe hat, welch letztere das Einreißen des Holzes verhütet, wird zur Weiterausarbeitung von Holzflächen verwendet.

Der Putzhobel (Abb. 21 und 22) hat ebenfalls eine Klappe.

Abb. 20. Doppelhobel.

Abb. 21. Putzhobel.

Abb. 22. Putzhobel.

Dessen Eisen ist im Gegensatz zu den vorgenannten Hobeln in seiner Breitseite vollständig gerade, mit leicht gebrochenen Ecken geschliffen.

Derselbe dient zum Fertigstellen der Arbeit.

Die Rauhbank (Abb. 23) ist ein langer Hobel und hat statt dem Horn hinten einen Griff. Das Eisen ist geschliffen wie beim Putzhobel. Zum Aushobeln von tadellosen Flächen und zum Fugen wird dieselbe verwendet.

Der Schrubhobel hat ein völlig rund geschliffenes Eisen und dient besonders zum starken Abnehmen des Holzes.

Der Zahnhobel hat ein leicht gerieftes Eisen, durch welches beim Anschleifen lauter Zähne entstehen.

Derselbe wird zum Rauhmachen der Holzflächen für das Verleimen verwendet.

Der Simshobel (Abb. 24) ist ein schmaler Hobel, auf beiden Seiten offen und wird zum Profilieren, Falzen usw. benutzt.

Unter den weiter aufgeführten Werkzeugen gibt es neue Arten, insbesondere amerikanische Erfindungen, welche sich in der Praxis sehr bewähren.

Abb. 23. Rauhbank.

Abb. 24. Simshobel.

Das Stich- oder Stemmeisen ist ein 4—45 mm breites Eisen, welches, wie sein Name sagt, zum Stemmen und Stechen des Holzes dient.

Zum Messen, Anreißen usw. wird Reißnadel, Zirkel, Winkel, Schmiege, Gehrmaß und Strichmaß verwendet, welch letzteres zum Anreißen von gleichen Dickten und Breiten benutzt wird.

Die Ziehklinge, Schraubenzieher, Raspeln und Feilen, Beißzange, Bohrwinde, Eisen- und Holzhammer ergänzen so ziemlich die Einzelwerkzeuge des Schreiners.

Gemeinschaftlich werden in der Regel nachstehende Werkzeuge benützt.

Die Schraubzwingen und Schraubknechte dienen zum Zusammenklemmen einzelner Holzteile und ganzer Möbel, besonders beim Verleimen. Dieselben bestehen zum Teil aus Holz oder auch vollständig aus Eisen.

Während mit hölzernen Zwingen (Abb. 25) das Holz geschont wird, sind andererseits die eisernen dauerhafter, leistungsfähiger und rascher zu handhaben (Abb. 26).

Die Gehrungs-, Stoß- und Schneidlade, um Profilstäbe, Leisten usw. in beliebigem Winkel in Gehrung zu sägen oder mit dem Hobel zu bestoßen, ist eine sehr zweckmäßige Einrichtung.

Die neu gebauten Gehrungs-, Stoß- und Schneidladen sind ganz aus Metall und arbeiten äußerst genau (Abb. 27).

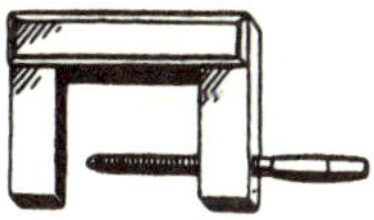

Abb. 25.
Hölz. Schraubzwinge.

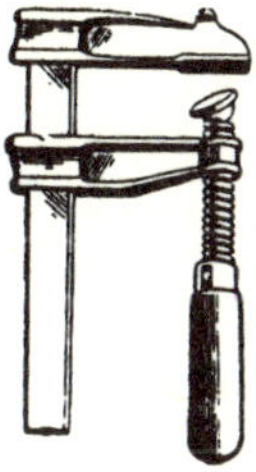

Abb. 26.
Eiserne Schraubzwinge.

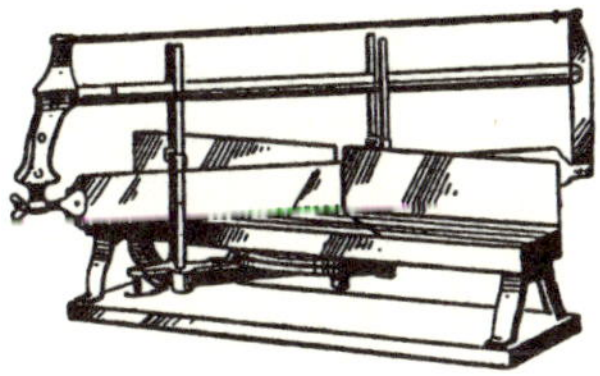

Abb. 27. Gehrungssäge.

Der Nuthobel (Abb. 28) ist aus Holz und Metall und dient zum Aushobeln von Nuten in beliebigen Tiefen und Breiten, er ist also verstellbar.

Der Hirnholzhobel (Abb. 29) zum Hobeln von Hirnholz.

Der Falzhobel ist zum Einhobeln von Einschubleisten und Einschubböden.

Der Grundhobel wird verwendet zum Grundaushobeln von Gratnuten und vertieften Flächen.

Abb. 28.
Nuthobel.

Abb. 29.
Hirnholzhobel.

Abb. 30.
Schiffhobel (Kurvenhobel).

Der Kurvenhobel (Abb. 30), ein amerikanisches Patent, ist ganz aus Metall und sehr verstellbar. Er ist zum Aushobeln von hohlen und erhabenen Flächen dem Schreiner von unschätzbarem Wert.

Den vorgenannten Hobeln schließen sich noch die Profilhobel an, welche zum Aushobeln von Profilstäben dienen und aus einem oder mehreren zusammengesetzten Profilen bestehen (Plattbank-, Hohlkehl-, Rundstabhobel usw.).

Der Bankknecht dient als Ergänzung zur Hobelbank, um lange Holzstücke stützend mitzuhalten.

Nützliche und unentbehrliche Werkzeuge für den Schreiner sind die Bohrer.

Schlangenbohrer. Abb. 31.

Man unterscheidet Nagelbohrer, Spiralbohrer und Zentrumbohrer.

Der Nagelbohrer dient zum Vorbohren für Schrauben usw. und hat einen Handgriff.

Der amerikanische Spiral- oder auch Schlangenbohrer hat durch seine schraubenartige Windung den übrigen Bohrern gegenüber den Vorteil, daß derselbe den Holzspan nach oben ausdreht und somit nicht des öfteren auszuziehen ist (Abb. 31).

Der amerikanische Zentrumbohrer ist ebenfalls eine sehr vorzügliche Erfindung, da durch Verstellen des Schneidschiebers der Bohrer größere oder kleinere Löcher bohrt (Abb. 32).

Beide letztgenannten Bohrerarten werden zur Benutzung in die sogenannte Bohrwinde gespannt (Abb. 33).

Abb. 32. Zentrumbohrer.

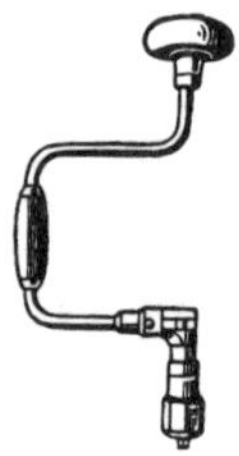

Abb. 33. Bohrwinde.

Sämtliche Abbildungen sind nach Werkzeugen der Firma H. Hommel hergestellt.

Außer den nun vorausgehend aufgeführten Werkzeugen des Schreiners wären noch die vielseitige Verwendbarkeit der „biegsamen Welle" und der hierzu notwendigen Hilfswerkzeuge zu nennen.

Ähnlich dem Bohrapparat des Zahnarztes ist der kleine kugelgelagerte Elektromotor ¼ PS mit Fuß- und Aufhängebügel und einer 1,5 m langen biegsamen Welle im Schutzschlauch gelagert, zum Stellen oder Aufhängen, also transportabel. In den Werkzeughalter am Ende der Welle können die verschiedenartigsten Werkzeuge, wie kleine Kreissägen, Fräser zum Ausfräsen von Nuten, Bohrfutter usw., eingesetzt werden. Ein kleiner Hobelkörper mit Messerwelle, die verschiedenartigsten Formen von Raspeln und Fräsern für Bildhauerarbeiten wären weiter noch zu nennen. Für die Oberflächenbehandlung des Holzes zum Schleifen, Bürsten und Polieren können dazu die erforderlichen Werkzeuge wie Walzen und Bürsten angeschlossen werden.

Kurz gesagt, der kleine Elektromotor mit biegsamer Welle ist für die Holzbearbeitung ein so ausgezeichneter und vielseitig verwendbarer Apparat, daß er heute in keiner Werkstätte oder Fabrik fehlen sollte.

Die Spezialfabrik für solche Apparate mit biegsamer Welle ist „Ackermann & Schmitt in Stuttgart, Kanonenweg 214“, von der jede Auskunft mit Prospekten zu erhalten ist.

2. Holzbearbeitungsmaschinen.

Bei dem heutigen großen Wettbewerb im Geschäftsleben, dem vielfachen Mangel an geeigneten Arbeitskräften und den oftmals kurzen Lieferfristen für Aufträge ist die Anschaffung von Holzbearbeitungsmaschinen für den Schreinermeister und Fabrikanten nicht nur sehr notwendig geworden, sondern vielfach eine Lebensfrage.

Soll ein Schreinereigeschäft leistungsfähig, vollständig für ständigen ununterbrochenen Betrieb eingerichtet werden, so können bei einer maschinellen Neuanlage nur „Einzelmaschinen“ in Frage kommen, bei denen jede Veränderung in Wegfall kommt und welche nur für eine ganz bestimmte Arbeitsleistung gebaut und hierdurch naturgemäß um so leistungsfähiger sind.

Anders liegt der Fall bei den Bedürfnissen eines Kleinmeisters, der weder die Mittel, noch den Platz und noch weniger die Arbeit, auch oftmals keine geeignete Betriebskraft für eine solche Maschinenanlage hat. Hier sind „Vereinigte oder Universalmaschinen“ zu empfehlen, das heißt Maschinen, mit welchen durch kleine Auswechslungen dann verschiedene Verrichtungen vorgenommen werden können.

Bei allen solchen Anschaffungen ist dringend zu empfehlen, wenn man selbst noch keine Erfahrung in dieser Hinsicht besitzt, einen an solchen Maschinen erprobten Fachmann mit seinem Rat vorher zu hören.

Gerade beim Kleinmeister ist eine leicht zu handhabende und gangbare Maschine am allernotwendigsten.

Beim Einkauf von schnellaufenden Maschinen, wie es alle Holzbearbeitungsmaschinen ja sind, ist besonders auf gute Lagerung und Schmierung zu achten. Ferner auf keine zu große Selbstbelastung infolge schwerer und unglücklicher Bauart.

Weiter, daß die Maschinen leicht gereinigt und gut bedient werden können und daß auch die erforderlichen praktischen Schutzvorrichtungen, nach den Gesetzen der „Südwestdeutschen Holzberufsgenossenschaft" oder ähnlichem, vorhanden sind.

Mit Genehmigung der Maschinenbauanstalt Kirchner & Co. A. G., Leipzig, wohl die größte und leistungsfähigste Fabrik für Holzbearbeitungsmaschinen, bringen wir zu unserem Text erläuternd Abbildungen von Fabrikaten dieser Firma.

Durch jahrelange Erfahrung, in steter Verbindung mit dem holzverarbeitenden Handwerk und der Industrie, sind die Konstruktionen dieses Hauses in ihrer Vielgestaltigkeit geradezu vollendet. Außer den kleineren Einzel- und vereinigten Maschinen für den Handwerker werden von dieser Firma für die Möbel- und Holzindustrie Maschinen der verschiedensten Arten gebaut, bis zum Giganten der Groß-Sägewerke.

a) Einzelmaschinen.

Die meisten Holzbearbeitungsmaschinen werden heute elektrisch angetrieben und daher mit eingebauten Elektromotoren geliefert, da dadurch der Energieverlust durch Wellenleitungen, Riemenscheiben, Ketten usw., der oftmals bis zu 50 % betragen hat, in Wegfall kommt. Auch erhebliche Platzersparnis wird dadurch erzielt. Nur, wo außergewöhnliche Verhältnisse es bedingen, kommt noch eine Kraftübertragung durch Wellenleitungen und Vorgelege zur Anwendung.

Die Bandsäge ist die unentbehrlichste aller Holzbearbeitungsmaschinen und daher auch am meisten verbreitet und im Gebrauch (Abb. 34)*).

Sie wird zum Schneiden des Holzes für gerade und krumme Linien am meisten von den Sägen benutzt.

Wie die Abbildung zeigt, ist die Maschine riemenlos und wird elektrisch angetrieben.

Ein zusammengelötetes endloses Sägenblatt geht über zwei laufende Scheiben.

Die Säge hat eine sogenannte Genauigkeitsblattführung. Der Tisch ist bis zu 30° schrägstellbar, um in verschiedenen Schrägen schneiden zu können.

Die Bandsäge hat außerdem eine durchsichtige Bandsägenschutzvorrichtung, vermindert dadurch die Unfallgefahr recht erheblich und ermöglicht eine flotte und sichere Arbeitsweise. Diese Vorrichtung kann

---

*) Abb. 34 siehe Bilderanhang.

auch jederzeit an einer anderen Bandsäge angebracht werden. Der ganze Körper ist ein Gußstück und enthält doppelseitige Bügellager, daher auch der völlig erschütterungsfreie Gang der Säge. Der Blattlauf kann verstellt werden. Der Elektromotor trägt auf der Welle die Sägerolle. Es ist Rechts- oder Linksausführung möglich.

Die Pendelsäge ist eine in einem an der Decke gelagerten pendelartig beweglichen Rahmen sich drehende Kreissäge (Abb. 35)*). Dieselbe wird besonders zum Abkürzen und Querschneiden des Holzes benutzt.

Die Kreissäge, mit verstellbarem Tisch und Anschlag, dient besonders zum Langschneiden des Holzes in gleichen Breiten.

Diese Säge wird in sehr vielen Abarten gebaut, z. B. als Trenn-Kreissäge mit selbsttätiger Zuführung durch senkrechte Walzen, als Besäum- und Zuschneide-Kreissäge mit Plattenband für alle Zwecke, auf der man so sauber schneiden kann, daß die Schnittkanten unmittelbar verleimt werden können.

Die Kreissäge Abb. 35a*) ist die verbreitetste Schreiner-Kreissäge. Es werden mit ihr sehr saubere Längs-, Quer- und Gehrungsschnitte erzielt, auch kann man unter Verwendung entsprechender Werkzeuge nuten, federn und falzen. Der Tisch ist ebenfalls schräg verstellbar. Auch Abb. 35b*) ist eine sehr zweckmäßige Kreissäge mit selbsttätigem, stufenlosem Vorschub und elektrischem Antrieb.

Die Abrichthobel- und Fügemaschine wird verwendet zum genauen Abrichten des Holzes, Winkelhobeln, Nuten, Federn und Kehlen (Abb. 36)*).

Sie ist ebenfalls riemenlos und wird durch einen auf der Axe der in der Mitte liegenden Messerwelle aufgesetzten Elektromotor angetrieben. Die Maschine ist mit 2,5 m langen Tischen und der Sicherheits-Messerwelle versehen. An der Maschine werden auch vor und hinter dem Anschlag Schutzvorrichtungen angebracht. Beide Tischplatten sind waagrecht und senkrecht verstellbar und ermöglichen, daß bei stark gewundenen und verzogenen Brettern nicht zu viel Holz weggenommen werden und verlorengehen muß. Ein verstellbarer Anschlag ermöglicht die sichere Führung des Holzes.

Besonders zu empfehlen ist die Verwendung der neu gebauten runden Patentsicherheitsmesserwelle (Abb. 37)*), an welcher die Messer nicht mehr so frei hervorstehen und bei einer Verletzung nur geringen Schaden anrichten.

---

*) Abb. 35, a, b, 36, 37 siehe Bilderanhang.

Die stählerne Sicherheitsmesserwelle ist sorgfältig ausgeglichen, besitzt Spanbrecherlippen, welche das Einreißen beim Bearbeiten verwachsener Hölzer verhüten. Die Messerwelle läuft in erstklassigen Kugellagern.

Die Dicktenhobel- oder Walzenhobelmaschine (Abb. 38)*) hat die Aufgabe, das auf der Abrichthobelmaschine einseitig abgehobelte Holz auf bestimmte Stärken zu hobeln.

Die Maschine unterscheidet sich von der Abrichthobelmaschine dadurch, daß die Messerwelle nicht im Tisch, sondern über demselben läuft und das Holz von oben her angreift. Am Tisch befindet sich senkrecht ein Maßstab oder Skala, nach welchem der Tisch beliebig höher und tiefer gestellt werden kann, ganz nach der gewünschten Stärke des Holzes.

Vor und hinter der Messerwelle gelagert befinden sich je die sogenannten zwei Einzugswalzen, welche das Holz sicher und selbsttätig durch die Maschine führen.

Das ganze Getriebe dieser Maschine ist durch ihr Schutzgehäuse derart gedeckt, daß deren Bedienung völlig gefahrlos ist.

Die eingebaute Gliederwalze mit Gliederdruck gestattet, Hölzer mit geringen Stärkeunterschieden nebeneinander zu bearbeiten, wodurch beste Ausnutzung der Hobelbreite gesichert ist. Der Gliederdruck wird aus einzelnen Druckschuhen gebildet, die sich nach der Holzstärke selbsttätig einstellen. Die Gliederwalze selbst besteht aus einer lamellierten Welle mit geriffelten Walzenringen, die sich unabhängig voneinander den Holzdicken selbsttätig anpassen.

Die Fräsmaschine (Abb. 39a)*) hat im Tisch eine senkrecht stehende Messerwelle, in welche die Fräs- und Kehlmesser eingesetzt werden.

Dieselbe dient besonders zum Fräsen und Kehlen von geraden und beliebig bewegten Profilen und Arbeiten.

Unter allen Holzbearbeitungsmaschinen ist sie für Unfälle die gefährlichste, da keine besondere Schutzvorrichtung daran angebracht werden kann und meistens an der freiliegenden Messerwelle selbst gearbeitet werden muß.

Es sind daher nur zuverlässige, besonnene Arbeiter ohne Gefahr daran zu beschäftigen.

Für besonders gefährliche Arbeiten wie Zapfenschneiden, Schlitzen, Zinkenfräsen, Felgenfräsen usw. gibt es nun auch Apparate, die eine

---

*) Abb. 38, 39a siehe Bilderanhang.

zwangsläufige gefahrlose Führung des Holzes ermöglichen. Es werden heute Tischfräsen bis zu 18 000 Umdrehungen pro Minute gebaut, überhaupt gibt es noch eine große Anzahl der verschiedensten Arten von Fräsmaschinen.

Besonders soll die Elektro-Oberfräse von Kirchner Abb. 39b*) erwähnt werden. Diese Fräse, mit der nach Mustern die feinsten Durchbrucharbeiten hergestellt werden können, ersetzt z. T. die Dekupiersäge. Auch die Elektro-Doppelkopiermaschine Abb. 39c*) wäre noch unter den Fräsen zu erwähnen.

Die Langlochbohrmaschine (Abb. 40)*) wird zum Bohren von Zapfenlöchern und Schlitzen verwendet.

Beim Schlitzen wird mit dem waagrecht laufenden Bohrer zuerst Loch an Loch gebohrt, dann das Arbeitsstück nach rechts und links bewegt und so das dazwischen liegende Holz weggenommen.

Die Durchbruchsäge (Abb. 41*) wird zum Ausschneiden von durchbrochenen und geschweiften Arbeiten verwendet, weshalb die hierbei verwendeten kurzen Sägeblätter beliebig stark genommen und eingespannt werden können.

Von den verschiedenen Arten und Zusammenstellungen ist diejenige am empfehlenswertesten, bei welcher der obere Teil mit Stahlspiralfeder oder Bogenholzfeder direkt frei an der Decke angebaut ist. Es ermöglicht dies ein freies Arbeiten, besonders mit großen Stücken. Die Säge wird durch einen Exzenter betrieben, an welchem die Hubhöhe in einer gewissen Grenze verstellt werden kann.

Am oberen Teil des Gestells befindet sich noch eine kleine Luftpumpe, welche die Sägespäne von der Zeichnung und Arbeitsstelle wegbläst.

Außer den bereits aufgeführten Maschinen kämen noch Schleif- und Poliermaschinen zum Schleifen und Polieren des Holzses in Betracht, es sind dies die Abputz- und Schleifmaschinen.

Zum Schleifen von geraden und gewölbten Flächen ist für kleinere Betriebe die Bandschleifmaschine Abb. 42a*) zu empfehlen, während für das Schleifen großer Flächen, wie etwa Sperrholzplatten, die Dreizylinder-Sandpapier-Schleifmaschine mit elektrischem Antrieb Abb. 42b*) geeigneter ist. Die letztere gestattet, Flächen bis zu 1500 mm Breite zu schleifen.

Die Lager sind bei den schnellaufenden Holzbearbeitungsmaschinen heute durchweg hochwertige und kraftsparende Kugellager.

---

*) Abb. 39b, c, 40, 41, 42a, b siehe Bilderanhang.

Im allgemeinen haben die Handwerker es erfaßt, daß, wenn es irgend geht, Einzelmaschinen den vereinigten Maschinen vorzuziehen sind.

Zu den bereits aufgeführten Arbeitsmaschinen wären noch besonders einige Werkzeugmaschinen und Apparate zu erwähnen.

Der Bandsägenlötapparat (Abb. 43)*) ermöglicht auf einfache und rasche Art das Zusammenlöten der Bandsäge, was für die gute Leistung und Haltbarkeit des Sägeblattes von besonderem Nutzen und Wert ist. Das öftere Reißen des Blattes sowohl, wie der unreine Schnitt, sind Folgen einer unpünktlichen Lötung desselben.

Das Bandsägeblatt muß für den Gebrauch gefeilt und geschränkt werden.

Das Feilen geschieht auch vielfach mit der Hand, ebenso das Schränken, letzteres mit besonderen Zangen.

Allein das Feilen, sowohl wie das Schränken, erfordert besondere Kenntnis und Erfahrung, obwohl es viele und auch sehr zweckmäßige Apparate und Einspannvorrichtungen für diese Handarbeit gibt.

Die Bandsägenfeil- und Schränkmaschine (Abb. 44)*) besorgt nun diese Arbeiten vollständig mechanisch selbsttätig in genauester Ausführung. Die Zahnteilung wie die Schränkung der Zähne kann bei dieser Maschine beliebig eingestellt werden.

Die Hobelmesserschleifmaschine (Abb. 45)*) hat die Aufgabe, die abgenutzten Messer der Hobelmaschinen wieder zu schleifen und zu schärfen.

Die Messer werden auf einem Schlitten eingespannt und an einer rundlaufenden Scheibe aus Schmirgel- oder Kunststein hin- und hergeführt, welch letzteres, wie die Abbildung zeigt, durch eine besonders gebaute Maschine auch selbsttätig geschehen kann.

Außer den hauptsächlichst genannten Maschinen gibt es noch eine Unmenge verwandter Maschinen für Einzelholzbearbeitung, wie es eben die verschiedenen Fabrikationsarten bedingen.

Besonders seien Hobelmaschinen genannt, welche das Holz auf vier Seiten gleichzeitig mit Messern bearbeiten.

b) Vereinigte oder Universalmaschinen.

Wie eingangs dieses Abschnitts erwähnt, ist nicht jedermann aus verschiedentlichen Gründen in der Lage, Einzelmaschinen sich anzuschaffen, weshalb auch durch besondere Bauarten nun Maschinen

*) Abb. 43, 44, 45 siehe Bilderanhang.

hergestellt werden, welche in sich verschiedene Arbeitsleistungen ermöglichen lassen und vereinigen.

Für einen kleineren Werkstattbetrieb ist z. B. (Abb. 46)*) eine Bandsäge, an welcher gleichzeitig eine Kreissäge, Langlochbohrapparat und Fräsmaschine angebracht sind, sehr zu empfehlen. Solche Maschinen können auch bei richtiger Übersetzung leicht mit der Hand betrieben werden.

Eine außerordentlich praktische Maschine ist die „Universalhobelmaschine", welche in sich zwei sonst getrennte Maschinen, und zwar Abrichthobel- und Dicktenhobelmaschine vereinigt. An der Seite können noch ein Bohr- und Langlochbohrapparat (Abb. 47)*) angebracht werden.

Die Maschine besitzt, wie die Abbildung zeigt, zwei übereinanderliegende Tische, den oberen zum Abrichten, Fügen, Kehlen usw., und den unteren zum Dicktenhobeln mit selbsttätiger Walzenführung.

Beim Betrieb der Maschine wird also am oberen Tisch das Holz abgerichtet und zum Dicktenhobeln werden die beiden Tischplatten der Abrichthobelmaschine einfach umgeklappt.

Die Benutzung dieser Maschine ist eine Ersparnis an Raum, Anschaffungswert und Zeitaufwand.

Soll die Maschine zum Kehlen verwendet werden, so werden die beiden oberen Tischplatten umgeklappt und die zum Dicktenhobeln unten lagernden Einzugswalzen so weit von der Messerwelle entfernt, als die zum Einsetzen nötigen Kehlmesser dies bedingen.

Eine weitere praktische Zusammenstellung von Maschinen ist die Universal-Elektro-Tischler-Maschine Abb. 47a*) zum Abrichten, Fräsen, mit Kreissäge und Langlochbohrapparat. Die Maschine ist also gleichzeitig zu verschiedenen Arbeiten ohne besondere Vorbereitung und Umstellung betriebsfertig.

Auch die Zusammenstellung von Fräsmaschine mit Kreissäge und Langlochbohrapparat (Abb. 47b)*) ist sehr gut.

Es gibt noch eine Menge der verschiedenartigsten zusammengestellten Maschinen im Handel, die aber nicht alle als glücklich, zweckmäßig und vorteilhaft bezeichnet und empfohlen werden können.

Nicht allein, daß die Vorbereitungen und Veränderung der einzelnen Apparate solcher Maschinen oft viel Zeit in Anspruch nehmen, erfordert solche Arbeit auch eine gewisse mechanische Kenntnis

*) Abb. 46, 47, a, b siehe Bilderanhang.

und Fertigkeit, da sonst sehr leicht eine Beschädigung und Unbrauchbarmachung einzelner Teile erfolgen kann.

Es soll aus letzterem ersichtlich sein, daß nicht jede Universalmaschine dem Kleinhandwerker immer Vorteile bringt, wie dieselben auf der Zeichnung und Anpreisung stehen.

c) Behandlung und Instandhaltung der Maschinen.

Mit der Aufstellung von gut gebauten Maschinen ist für eine besondere Leistungsfähigkeit auch eine sachgemäße gute Behandlung und Instandhaltung derselben verbunden.

Für den guten Gang einer Holzbearbeitungsmaschine ist die Schmierung und Lagerung eine sehr wichtige Sache. Die Lager müssen eine gute verläßliche Schmierung haben, dürfen nicht zu stark angezogen sein, sonst laufen dieselben warm und fressen sich fest.

Die meisten Holzbearbeitungsmaschinen haben heute Kugellager, bei denen ein Nachstellen nicht erforderlich ist.

Ebenso dürfen die Riemen nicht zu locker sein, da sonst dieselben schleifen. Bei diesen schnellaufenden Maschinen ist bei Riemenantrieb auch eine gute, glatte Riemenverbindung anzuwenden.

Besondere Aufmerksamkeit ist, um eine saubere und gute Arbeit zu erhalten, den in die verschiedenen Maschinen eingespannten Hauptarbeitswerkzeugen, wie Sägeblättern, Hobelmessern, Fräsmessern, Bohrern usw., zu schenken, da von deren richtiger Behandlung sehr viel abhängig ist.

Das bei der Bandsäge verwendete Sägeblatt muß mittelst der Lötzange oder des Lötapparates, nachdem beide Enden ein bis zwei Zahnlängen schief übereinandergefeilt sind, zusammengelötet werden. Der Rücken des Blattes muß mit beiden Enden in gerader Linie liegen.

Die Lötung erfolgt mittelst Schlaglot und Borax, letzteres als Fluß- und Reinigungsmittel.

Nach dem Löten muß das etwa übergeflossene Lot sauber mit den Seiten des Sägeblattes verfeilt werden, so daß keine ungleichmäßigen Dicken hierdurch entstehen, da sonst das Blatt klemmt, warmläuft und wieder zerreißt. Auch wird der Schnitt unsauber.

Vor dem Glattfeilen der Lötstellen ist zu empfehlen, dieselben noch einmal rot zu glühen oder anlaufen zu lassen.

Das Feilen und Schränken der Zähne erfolgt wie bei den Handsägen.

An der Lötstelle sollen die Zähne nicht geschränkt werden.

Sehr wichtig ist, daß die Zähne nicht zu tief ins Blatt geschränkt werden, da hierdurch kleine Risse entstehen, welche beim Aufspannen des Blattes alsbald ein Brechen desselben herbeiführen.

Beim Sägen selbst darf bei schweren Stücken nicht zu rasch das Holz vorgeschoben werden, da sonst die Säge krumm und warmläuft, herunterspringt oder zerreißt und den Arbeiter noch verletzt.

Auch eine stumpfe Säge wird mehr oder weniger warmlaufen.

Nach der Arbeit ist das Sägeblatt locker zu spannen.

Bei der Kreissäge ist zunächst zu beachten, daß die großen Sägeblätter eine nicht zu große Umdrehungszahl haben.

Die Umfangsgeschwindigkeit eines Kreissägenblattes soll 50 m/sek nicht unterschreiten, aus dem Blattdurchmesser ergibt sich dann die jeweilige Drehzahl. Bei selbsttätigen Kreissägen darf die Blattgeschwindigkeit noch größer sein. Die Mindestblattstärke an der Zahnung gemessen, ohne Schrank, soll etwa $^1/_{200}$ des Blattdurchmessers sein, es gilt dies aber nur für gewöhnliche Kreissägenblätter.

Es gibt je nach der Arbeitsweise verschieden geformte Kreissägenblätter, z. B. solche, die einseitig oder beiderseitig konisch sind, deren Stärke an der Zahnung aber bedeutend schwächer sein kann. Die Zahnung richtet sich immer nach dem Arbeitszweck. Die Hauptsache bei der Kreissäge ist, daß sie tadellos rund läuft. Der Zahngrund muß aber stets abgerundet sein, da sonst das Blatt einreißt.

Das Schärfen der Zähne kann von Hand oder selbsttätig mit der Schmirgelscheibe wie bei der Bandsäge erfolgen. Am besten wird das Schärfen usw. mit selbsttätig arbeitenden Maschinen vorgenommen.

Die Messer der Hobelmaschinen werden auf besonderen maschinellen Apparaten scharf geschliffen. Dabei ist zu beachten, daß dieselben nicht zu hart an einzelnen Stellen oder im ganzen angegriffen werden, da dieselben sonst verbrennen und weich werden.

Nach dem Schleifen auf der Maschine müssen die Messer mit einem guten Abziehstein abgezogen werden.

Es ist dabei zu beachten, daß nicht allein die Schneide, sondern die ganze Schneidfläche, Fase und ebensowohl am Rücken abgezogen wird.

Das Einspannen der Messer auf die Messerwelle der Maschine muß mit größter Sorgfalt und Genauigkeit geschehen.

Nach dem Schleifen müssen die Messer mit ihren Schrauben mit den gegenüberliegenden Messern auf gleiches Gewicht sozusagen genau ausgewogen werden, was mit besonderen Messerwaagen geschehen muß. Am besten ist die Leistenwelle mit den dünnen Rapidmessern. Diese Messer sind zu ¼ der Kosten der Messer für die Vierkantwelle zu kaufen und arbeiten sauberer.

Ebenso wie die Hobelmesser müssen bei der Fräsmaschine die Fräsmesser mit ihren verschiedenen Profilen sorgfältig gefeilt und geschliffen werden.

Die an den schnellaufenden Maschinen verwendeten Riemen werden zum Teil zum besseren Angreifen, von Fall zu Fall mit Adhäsionsfett oder Kolofonium an der Innenseite bestrichen.

Ebenso ist zu empfehlen, um die Riemen geschmeidig zu erhalten, zeitweise dieselben außen mit Fischtran zu bestreichen.

d) Wellenleitungen.

Besondere Aufmerksamkeit bei Einrichtung von Maschinen ist auch den zur Kraftübertragung erforderlichen Wellenleitungen zu schenken.

Die Wellenleitungen bestehen aus Stahl oder Eisen und unterscheidet man hierbei Wellen, Lager, Riemenscheiben und Kupplungen.

Mit Zwischenwellenleitungen bezeichnet man die sogenannten Vorgelege, welche mittelst kleinerer Scheiben den schnellaufenden Maschinen die richtige Geschwindigkeit vermitteln.

Die Wellenleitungen können an der Wand oder Decke angebracht werden und werden dann „hängend" genannt, oder sie werden am Boden angebracht und dann mit „stehend" bezeichnet.

Unter den Riemenscheiben unterscheidet man ganze, zerlegbare eiserne und zerlegbare hölzerne Scheiben.

Die Vorteile der zerlegbaren Scheiben sind darin zu erblicken, daß dieselben abgenommen werden können, ohne die Wellen aus den Lagern zu heben.

Die hölzernen Riemenscheiben tragen wesentlich zur Verringerung des Gewichtes der Wellenleitungen bei, wodurch eine große Kraftersparnis eintritt, was bei einem größeren Dauerbetrieb von nicht geringer Bedeutung ist.

Die hölzernen Riemenscheiben werden meistens nur auf die Welle geklemmt und können dieselben stoßweise Drehmomente nicht übertragen, weil die zuverlässige Keilverbindung mit der Welle fehlt, welche man bei eisernen Scheiben wählt und anwendet.

Die Lager und Kugellager werden heute größtenteils durch kleine selbstschließende Nippel, auch mit einer Handschmierpresse geschmiert, auch erfolgt dies vielfach mittels selbsttätiger Ölpumpen.

Leitungswellen können um so mehr Kraft übertragen, je schneller dieselben laufen. Übliche Drehzahlen sind für Sägewerke 250 bis 275 pro Minute und für Holzbearbeitungswerkstätten 350 bis 425 pro Minute.

Unter den Riemenscheiben unterscheidet man noch feststehende oder Vollscheiben und lose oder Leerlaufscheiben, welch letztere beim Ausrücken den Riemen übergleitend aufnehmen, wodurch dann die Arbeitsmaschinen stillstehen.

Haben zwei Wellenleitungen dieselbe Drehrichtung, so heißt man dies „offener Betrieb", haben dieselben entgegengesetzte Richtung, so müssen die Riemen übereinander „gekreuzt oder geschränkt" werden.

Bei den schnellaufenden Holzbearbeitungsmaschinen sollen die Riemen nicht zu kurz sein, da sie sonst schleifen oder herunterspringen.

Das Auflegen der Riemen darf nicht während des Ganges der Wellen von Hand geschehen, sondern es müssen besondere Riemenaufleger angewendet werden.

3. Kraft- und Antriebmaschinen.

Für den Antrieb von Holzbearbeitungsmaschinen gibt es eine Anzahl von Kraftmaschinen der verschiedensten Art, deren Brauchbarkeit und Zweckmäßigkeit nur nach den diesbezüglichen Verhältnissen und Bedingungen eines Schreinereibetriebes festgestellt werden kann.

Die richtige Auswahl einer solchen Kraftmaschine ist oft sehr schwer und oftmals auch von folgenschwerer Bedeutung für ein Geschäft.

Es kann sich hier nicht allein um die wirkliche Kraftleistung zum Antrieb der in Frage stehenden Maschinen handeln, sondern auch insbesondere darum, ob der Betrieb sich dadurch vorteilhaft und billig gestaltet, ob Fabrikabfälle, wie Holz usw., zweckmäßig zur Heizung, Kraftübertragung usw. verwendet werden können, ob eine besondere Bedienung und Wartung hierfür notwendig ist, oder ob die Maschine ohne besondere Aufsicht gefahrlos und sicher arbeitet.

Da der ganze Geschäftsbetrieb eine Rechenaufgabe ist, so ist auch die Frage: „Welche Kraftmaschine ist für mein Geschäft am geeignetsten und vorteilhaftesten?" damit beantwortet.

Als Betriebskräfte kommen daher folgende Maschinen in der Hauptsache in Betracht:

Wasserkraft (Wasserräder, Turbinen, Motoren),
Dampfmaschinen,
Dampfmotoren,
Elektromotoren,
Verbrennungsmotoren für Gas, Sauggas, Holzgas, Benzin, Benzol, Petroleum, Spiritus und Dieselmotoren.

Wenn im großen ganzen für Schreinereibetriebe, wo keine billige Wasserkraft zur Verfügung steht, die Dampfmaschine durch ihre vielseitige Verwendbarkeit für Dampfheizung, Holztrocknung, Leimwärmung usw. und anderseits durch Verwendung der sämtlichen Holzabfälle, wie Sägespäne, Sägemehl usw., zur Heizung des Kessels als allein zweckmäßig und billig erscheint, so ist dies in vielen Fällen anderen Kraftmaschinen gegenüber ein schwerer Irrtum, ganz besonders im Hinblick auf die beispiellose Entwicklung der Holzgasanlagen.

Für Großbetriebe, oder besser gesagt größere Geschäfte mit ununterbrochenem Maschinenbetrieb ist zweifellos die Dampfmaschine, sei es nun eine Lokomobile oder stationäre Dampfmaschine, aus vorgenannten Gründen und der gleichmäßig haltenden Kraft die beste Antriebmaschine und daher sehr zu empfehlen.

Die Sauggasanlage arbeitet heute bis zu ca. 400 PS wirtschaftlicher als die Dampfmaschine, auch baut die Humboldt-Deutzmotoren A. G., Köln-Deutz, Sauggasmotorenanlagen, die mit Holzabfällen beschickt werden; in diesen Anlagen wird aus den Holzabfällen zwei- bis dreimal mehr an Kraft gewonnen als bei Dampfmaschinenbetrieb. Derartige Anlagen sind bei guter Auswirkung heute für kleinere Kräfte auch wirtschaftlicher und werden schon von 6 PS ab gebaut.

Für kleinere Geschäfte hingegen, welche nur täglich oft einige Stunden und auch einzelne Maschinen zu gebrauchen haben, können nur Flüssigkeitsmotoren in Frage kommen.

Nicht allein, daß die betreffenden Motoren keine besondere Wartung wie die Dampfmaschinen gebrauchen und vom Handwerksmeister oder Arbeiter selbst in Betrieb gesetzt werden können, auch vollständig Tage lang ohne weitere Bedienung arbeiten, so kommt noch anderseits der billige Anschaffungspreis, der geringe Platzaufwand und die größtenteils nicht erforderliche Genehmigung in Betracht.

Anschaffungs- und Betriebskosten verschiedener Motoren.

Motorart	Pferdestärken	Anschaffungs- u. Aufstellungskosten	Betriebsstoff für eine Stunde und Pferdekraft
Friedrich - Dampfsparmotor	4—6 15—20	3100 RM. 5500 „	2—3 kg gute Steinkohle, oder: Späne, Holzabfälle ohne Zugabe von Kohlen ausreichend
Elektromotor	4 12	164 „ 310 „	bei voller Belastung 3 KW 9,75 KW
Holzgasanlage mit Motor	6 12	1550 „ 2700 „	1 Kilo Holz oder Holzabfälle
Sauggasanlage mit Motor	16	3650 „	zirka 480 Gramm Anthrazit, Koks oder Holzkohle
Leuchtgasmotor	5 12	745 „ 1080 „	450 Liter Gas 450 „ „
Benzinmotor	4 12	385 „ 1080 „	250 Gramm Benzin 240 „ „
Benzolmotor	4 12	385 „ 1080 „	260 „ Benzol 210 „ „
Dieselmotor	5 20—25	650 „ 2600 „	210 „ Rohöl 190 „ „

Mit der Dampfmaschine in seiner Art verwandt ist zunächst von den Motoren der Dampfsparmotor, nach seinem Erfinder Friedrich genannt, zu erwähnen. Dieser Motor (Abb. 48)*) wird von der Motorenfabrik Edmund Friedrich, Stuttgart-Feuerbach, von 1½—30 PS gebaut.

Der Dampfsparmotor kann in beliebiger Stellung zum Kessel montiert werden.

Die Heizung des Kessels kann mit Holzabfällen, Torf, Gerberlohe, Braun- und Steinkohlen erfolgen. Mit dem Abdampf des Motors können Arbeits- und Wohnräume, Trockenkammern, Leimkessel usw. kostenfrei geheizt werden.

Die Bedienung kann durch jede Person als Nebenbeschäftigung geschehen.

Der Motor ist in 15—20 Minuten nach Anheizen des Kessels betriebsfähig.

Die ganze Bauart des Kessels und der daran angebrachten Sicherheitsvorrichtungen schließen jede Explosionsgefahr aus, auch ist der Kessel vollständig zerlegbar und rasch und leicht von innen und außen von Kesselstein und Ruß zu reinigen. Die Dampfspannung beträgt 6—7 Atmosphären.

Die Vorzüge dieses Dampfsparmotors sind durchaus zuverlässiger, äußerst billiger und vollständig ruhiger Betrieb, keine Belästigung durch üblen Geruch und Geräusch, rauchverzehrende Feuerung, Verwendung von Holzabfällen zur Heizung des Kessels und Abgabe von Abdampf und heißem Wasser für geschäftliche Zwecke.

Aus diesen Gründen ist eine solche Betriebskraft für Holzbearbeitungsbetriebe empfehlenswert.

Welch andere Art von Motoren nach dem Dampfsparmotor nun wieder zu wählen ist, hängt lediglich von dem betreffenden Wohnsitz des Geschäftsinhabers ab, ob an Ort und Stelle eine Zentralanlage, von der Kraft bezogen werden kann, ein Elektrizitätswerk, Gasanstalt usw. vorhanden und ob diese Kraft nicht zu teuer ist.

Von allen Motoren ist zur Zeit der Elektromotor die Idealkraftmaschine (Abb. 49)*). Er ist dem Anschaffungspreis nach der billigste Motor, ist am leichtesten, nur durch einen Hebeldruck in Gang zu setzen und beansprucht nur die Kraft, welche augenblicklich durch die Verrichtung an irgendeiner Maschine entsteht, zuzüglich seinem sehr geringen Eigenverbrauch.

---

*) Abb. 48, 49 siehe Bilderanhang.

Ist also der Motor etwa achtpferdig und es wird nur eine leichte Arbeit an einer einzelnen Holzbearbeitungsmaschine vorgenommen, etwa eine halbe Pferdekraft, so liefert der Motor nur diese Kraft. Er ist also den Gas-, Benzin- und anderen Motoren gegenüber in gewisser Hinsicht ein Sparmotor. Der Motor kann ohne besondere Genehmigung und ohne besonderen Anspruch an Raum überall, sogar an der Decke, angebracht werden, ist äußerlich ein einfacher, ungefährlicher Apparat und bedarf gar keiner besonderen Wartung.

Jede Wellenleitung kann bei einer solchen Anlage in Wegfall kommen in der Weise, daß an jeder, sogar der kleinsten Maschine, in der Stärke der Maximalkraft derselben ein Motor direkt angebracht wird, wodurch einmal jede Maschine von der anderen unbeeinflußt und unabhängig wird und anderseits kein Kraftverlust durch Wellen entsteht. Bei solchen Anlagen sind allerdings die Anlagekosten der an den einzelnen Arbeitsmaschinen selbst angebrachten Motoren zu berücksichtigen, die auch Geld kosten.

Zieht man nun auch den Wegfall der Kosten einer größeren Wellenanlage, Platzaufwendung hierfür, die billigere Anschaffung des Motors, die einfache Bedienung usw. selbst in Betracht, so geht doch daraus hervor, daß eine solche Anlage wohl die einfachste und schönste ist.

Bei Elektromotoren kommt allerdings nun der Kostenpreis der Elektrizität von der betreffenden Zentralstelle in Betracht, der manchmal sehr hoch ist und bei einem Dauerbetrieb rechnerisch in Betracht gezogen werden muß. Der abgebildete Motor ist ein Fabrikat der Maschinenfabrik A. E. G. (Allg. Elektrizitätsgesellschaft, Berlin).

Ist eine Gasanstalt am Platze, so ist bei einem kleineren Betrieb, vorausgesetzt, daß der Preis für Arbeitsgas nicht zu hoch ist, nach Umständen bei einem Dauerbetrieb die Aufstellung eines Gasmotors vorzuziehen, aber lediglich allein in der Hauptsache vom rechnerischen Standpunkt aus (Abb. 50)*).

Ist das Gas oder Elektrizität am Platze sehr teuer, so empfiehlt es sich, eine Sauggasanlage, selbst auch bei einem kleineren Motor, aufzustellen und das Gas aus Holzabfällen usw. und, wenn nicht genügend vorhanden, noch durch Anthrazit oder Koks herzustellen (Abb. 51)*).

---

*) Abb. 50, 51 siehe Bilderanhang.

Diese Betriebskraft ist dann billiger als Benzin, Spiritus, Petroleum usw.

Die Verbrennungs- und Flüssigkeitsmotoren, wie Gas-, Benzin-, Spiritus-, Petroleummotoren usw., in welchen Gas als solches oder Benzin, Spiritus, Petroleum usw. vergast oder zerstäubt zur Explosion gebracht wird und dadurch die Maschinen bewegen, arbeiten am vorteilhaftesten bei voller Inanspruchnahme, das heißt bei schwächerer Belastung ist der Brennstoffverbrauch pro PS-Stunde verhältnismäßig höher wie bei voller Belastung.

Für die Aufstellung von solchen Motoren ist kein besonderer Raum erforderlich wie bei Dampfanlagen, es ist dies jedoch bei besonders staubentwickelnden Maschinen, wie es bei der Holzbearbeitung der Fall ist, zu empfehlen, mindestens aber den Motor durch einen Holzverschlag von dem Arbeitsraum zu trennen.

Die Kühlung der Zylinder dieser Motoren erfolgt entweder im Anschluß an die Wasserleitung oder es muß ein besonderer Behälter, in welch letzteren das warme Abwasser wieder zurückfließt, aufgestellt werden.

Durch die Anwendung eines Behälters tritt eine erhebliche Wasserersparnis ein.

Bei Benzin- oder Petroleumbetrieben ist vorschriftsmäßig das Hauptlager des feuergefährlichen Stoffes außerhalb des Anwesens in einer besonderen Grube oder Anbau unterzubringen. Bei Sauggasanlagen ist der Gas erzeugende Apparat in einem an die Maschine angrenzenden Raume aufzustellen.

Die Inbetriebsetzung und Bedienung dieser Motoren kann durch jeden einigermaßen unterrichteten Arbeiter ohne besondere Mühe und Zeitaufwand erfolgen.

Im Winter ist nach Betriebsschluß das Zylinderkühlwasser abzulassen, die betreffenden Hähne offen zu halten, damit kein Gefrieren und dadurch Zerspringen des Zylinders erfolgen kann. Gute Schmierung und öftere sorgfältige Reinigung der Ventile schließen eine Betriebsunterbrechung fast völlig aus.

Solche Motoren sind ohne Unterbrechung in Tag- und Nachtbetrieben mit großer Zufriedenheit der Besitzer in Verwendung und haben sich sehr gut bewährt.

Infolge der oft hohen Preise für Benzin, Petroleum usw. sind die Explosionsmotoren für diese Betriebsstoffe heute mehr in den Hintergrund gedrängt. Da das Gas heute z. T. sehr billig geliefert werden kann, so ist der Antrieb der vorgenannten Motoren durch Gas oft wirtschaftlich vorteilhafter für einen Betrieb.

Die zeitgemäße Kraftmaschine ist heute der Dieselmotor. Diese Motoren werden mit den billigen Rohölen betrieben, welche bei der Petroleumgewinnung oder bei der Destillation der Braunkohle abfallen. Der Verbrauch an Brennstoff ist sehr gering. Infolgedessen ist dieser

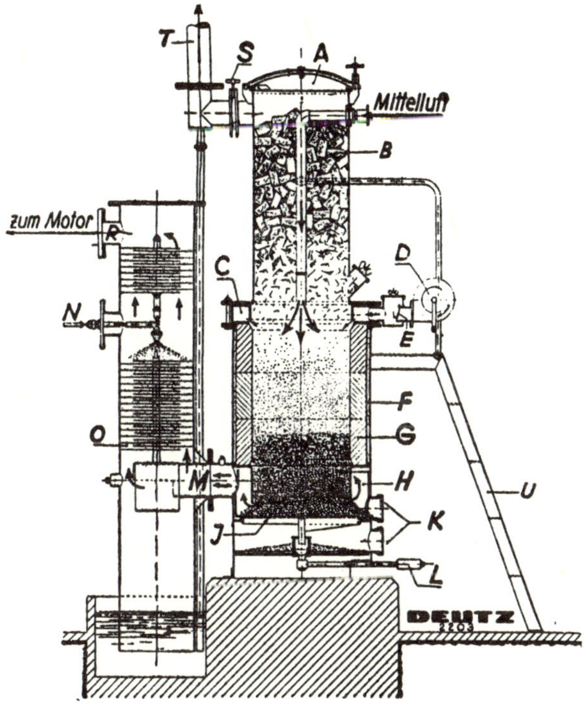

Abb. 52a

Betrieb heute wohl rechnerisch der billigste von allen Kraftmaschinen. Dabei ist die Bedienung einfach und der Betrieb sauber (Abb. 52)*).

Die Humboldt-Deutzmotoren A.-G. in Köln-Deutz ist die größte und leistungsfähigste Motorenfabrik Deutschlands; sie baut nicht nur Explosionsmotoren für den Betrieb mit Leuchtgas, Benzin, Benzol, Sauggas usw., sondern auch heute in erster Linie Dieselmotoren ver-

*) Abb. 52 siehe Bilderanhang.

schiedener Konstruktion für kleine und große Kraftanlagen. Die Abbildung 52 zeigt einen liegenden Dieselmotor. Der Dieselmotor wird heute schon von 4 PS ab bis zu den größten Kraftmaschinen gebaut.

Als Brennstoff können alle Rohöle einschließlich Teeröl verwendet werden. Er ist eine der vollendetsten und modernsten Kraftmaschinen. Der Auspuff ist geruchlos und unsichtbar, der Gang geräuschlos. Die Bedienung kann durch ungeschultes Personal erfolgen, die Feuersgefahr ist ausgeschlossen.

Der Dieselmotor ist anderen Motoren gegenüber die einfachste und leistungsfähigste Kraftmaschine. Zum Unterschied von anderen Kraftmaschinen wird:

1. nur reine Luft komprimiert und flüssiger Treibstoff am Ende der Kompression eingespritzt, im Gegensatz zum Vergasermotor, bei dem aus dem Vergaser ein fertiges Brennstoffluftgemisch angesaugt und komprimiert wird;

2. die Zündung des Treibstoffes nicht durch irgendein Zündhilfsmittel, etwa eine Zündkerze eingeleitet, sondern daß der eingespritzte Brennstoff sich von selbst an der durch die voraufgegangene Kompression heißen Luft entzündet.

Dieser ganze Arbeitsvorgang vollzieht sich natürlich vollkommen selbsttätig. Die Bedienung der Maschine beschränkt sich auf die Nachprüfung von Brennstoff, Kühlwasser und Schmieröl, denn auch die Schmierung erfolgt durch eine eingebaute Druckölpumpe und erfordert sonst keinerlei Eingriffe.

Jede derartige Maschine ist mit einem Regler versehen, der einerseits die Drehzahl bei jeder Belastung gleichmäßig erhält und andererseits dafür sorgt, daß immer nur soviel Brennstoff eingespritzt wird, wie der Ausnützung der Anlage entspricht.

Weitere neuzeitliche Anlagen, die bei holzbearbeitenden Betrieben, wo Holzabfälle entstehen, besonders in Betracht gezogen werden müssen, sind die Holzgasanlagen.

Die Deutz-Holzgasanlage ist, wie Abb. 52a zeigt, einfach und außerordentlich wirtschaftlich. Mit 1 Kilo Abfallholz wird eine Pferdekraftstunde erzeugt. Es werden Anlagen von 6—500 PS gebaut. Außer der Kraftentnahme hat man für die Wärmeausnützung die Auspuffgase und heißes Kühlwasser zur Verfügung. Das heiße Wasser wird für Trockenanlagen, Warmwasserheizung usw. verwendet. Die restlose Erfassung der gesamten Kraft- und Wärmeenergie solcher Anlagen ergibt höchste wirtschaftliche Auswertung des Brennstoffes.

Gerade für holzverarbeitende Betriebe ist eine solche Holzgasanlage von nicht zu unterschätzender Bedeutung.

Zunächst wird von der Gasanlage das aus Holz oder Holzabfällen erzeugte Gas von dem durch eine Leitung verbundenen Motor angezogen und in Kraft für den Betrieb umgesetzt. Die ganze Bedienung der Anlage beschränkt sich auf die Versorgung des Vergasers mit Brennstoff, was etwa stündlich zu geschehen hat. Der Vergaser benötigt nur soviel Brennstoff, als der Motor verbraucht. Der Brennstoff muß aber lufttrocken sein.

Besonders die heutige Zeit im Kampf gegen die Materialverschwendung und andererseits die Auswertung der eigenen deutschen Erzeugnisse unseres Waldes verlangen gebieterisch die Ausnützung solcher technisch und wirtschaftlich geradezu vollkommener Anlagen.

III. Schreinerarbeiten.

Zur Ausführung von Bau- und Möbeltischlerarbeiten ist fast immer die Zusammensetzung verschiedener Holzteile zu einem Ganzen erforderlich, welche entweder durch Holz selbst, oder aber durch andere Stoffe, wie Leim, Metall usw., verbunden sein müssen.

Diese Verbindung des Holzes, welche entweder unlösbar fest oder aber lösbar ist, wird mit Konstruktion bezeichnet, die wichtigste Arbeit des Schreiners.

Die Art und Weise der Verbindung des Holzes richtet sich lediglich nach der Zweckmäßigkeit und Form des Gegenstandes, nach den Eigenschaften des Werkstoffs und nach der Möglichkeit der Bearbeitung des letzteren.

Man unterscheidet sichtbare und unsichtbare oder verdeckte Verbindungen des Holzes.

Die meisten und zweckmäßigsten Verbindungen sind die Holzverbindungen, bei welchen das Holz selbst in den verschiedensten Arten ineinander geschoben, gefügt, übereinander geplattet usw. wird.

Bei allen Verbindungen des Holzes ist besonders die Veränderlichkeit des Werkstoffs durch Quellen, Schwinden, Reißen usw. zu beachten.

Da das Holz im Verhältnis zu seiner Länge nicht sehr breit ist, so kommen größtenteils Verbindungen nach der Breite in Anwendung.

Die Holzverbindungen sind vielfach an Möbel- und Bauarbeiten dieselben.

A. Holzverbindungen

a) Verbindungen nach der Breite.

Zur Herstellung einer Fläche oder Ebene aus mehreren, auch verschiedenen Holzbreiten erfolgt eine Verbindung durch stumpfes Aneinanderfügen (Abb. 53), Dübeln mit viereckigen und runden Dübeln (Abb. 54 u. 55), Überfälzen (Abb. 56), Spunden (Abb. 57), Nut mit eingesteckter Feder (Abb. 58).

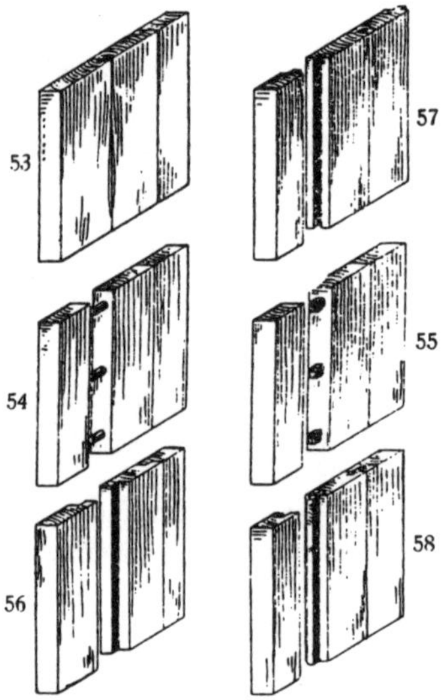

Abb. 53—58.

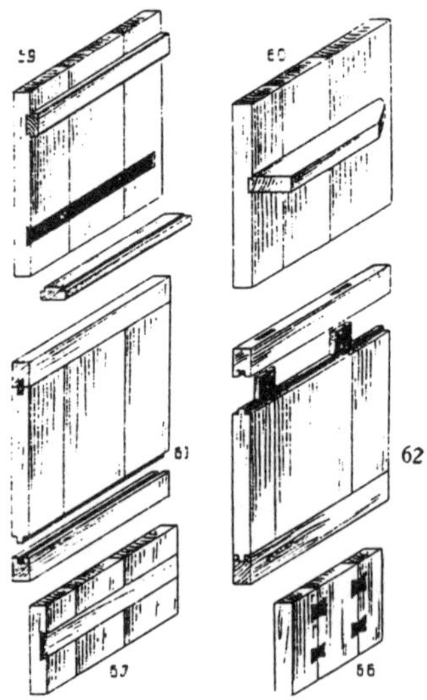

Abb. 59—63, 66.

Wird beim stumpfen Aneinanderfügen von Hölzern, Brettern usw. eine Verbindung durch quer aufgenagelte oder aufgeschraubte Leisten hergestellt, so entstehen beim Schwinden des Holzes offene, durchsichtige Fugen, auch können sich die einzelnen Holzteile leicht werfen und drehen.

Durch Einsetzen von runden oder viereckigen Dübeln wird das letztere verhindert, ebenso das Verschieben der Bretter. Auch geben die Dübel den so verbundenen Teilen einen gewissen Halt und Verstärkung.

Die durchsichtigen Fugen können aber nur durch Überfälzen, Spunden, Nuten und Federn vermieden werden.

Beim Überfälzen wird bis zur Hälfte der Holzdicke die eine Verbindungsseite oben und die andere unten entsprechend ineinanderpassend ausgefälzt.

Ein Drehen, Werfen und Verschieben der einzelnen Teile wird durch diese Verbindung nicht vermieden.

Das Spunden besteht aus einer an eine Holzdickte angehobelten Feder und in einer andererseits entsprechend eingestoßenen Nute oder Vertiefung.

Beim Nuten und Federn werden auf beiden Verbindungsseiten Nuten eingestoßen, in welche die Feder aus Hirn- und Hartholz eingesetzt wird.

Die vorgenannten Holzverbindungen werden bei größeren Flächen, bei welchen das Holz einer gewissen Bewegungsfreiheit durch Witterungseinfluß usw., wie bei Wandverkleidungen, Fußböden, Holzdecken usw., ausgesetzt sein muß, nicht verleimt, insbesondere bei Bauarbeiten.

Bei Möbelarbeiten werden größtenteils diese Verbindungen noch verleimt, da besonders die Leimfuge die dichteste Verbindung ist.

Werden mehrere Stücke stumpf aneinandergeleimt oder -gedübelt und sollen dieselben nach der Breite Festigkeit erhalten und sich nicht werfen, so müssen sogenannte Grat- oder Einschiebleisten angewendet werden, welche je nach dem Zweck verschieden geformt sein müssen (Abb. 59 und 60).

Die Gratleisten sind auf beiden Seiten der Verbindungsfläche schief eingehobelt und bilden im Durchschnitt dadurch einen schwalbenschwanzförmigen Grat, welcher sich nach vorn etwas verjüngt. In der Plattenfläche ist quer, dem Schwalbenschwanz der Leiste entsprechend eine Nute eingestoßen, in welche die Gratleiste bis zur Hälfte durch ihre Verjüngung leicht eingeschoben werden kann, während die weitere Hälfte mit dem Hammer satt anliegend angetrieben werden muß.

Eine Gratleiste wird entweder gar nicht oder nur teilweise an einem Ende verleimt, damit die Holzplatte unaufgehalten trocknen und sich bewegen kann.

Das zur Gratleiste verwendete Holz soll Hartholz sein.

Soll die Leiste die Platte am Werfen verhindern, so muß sie entsprechend stark sein. Eine hochkant eingeschobene Leiste ist in dieser Hinsicht wirkungsvoller als eine breite niedere Leiste (Abb. 60).

Die Gratleiste, welche mit der Plattenoberfläche bindig ist, findet wenig Anwendung und ergibt auch wenig Halt (Abb. 63).

Jede Gratleiste soll auf beiden Seiten 1—2 cm kürzer wie die Platte breit sein, damit beim Trocknen der letzteren die Leisten nicht hervorstehen.

Die Hirnleisten werden am Hirnholz einer Platte oder Brettes mittels Nut und Feder oder durch Spunden und Zapfen angefaßt (Abb. 61 und 62).

Sie haben den Zweck, wo keine Gratleisten angebracht werden können, die Holzplatte zu halten und andererseits das Hirnholz zu verdecken. Ist die Holzplatte breiter und größer, so können diese Leisten mit Sicherheit eine Veränderung der Platte nicht aufhalten.

Wird eine solche Platte furniert, so setzt man größtenteils eine dreikantige Hirnleiste ein, bei welcher die Fugen mit den Ecken zusammenfallen (Abb. 65).

Soll an der Leiste selbst auch das Hirnholz nicht sichtbar sein, so wird dieselbe auf Gehrung eingesetzt (Abb. 64).

Ist die zusammengesetzte Platte lang, so setzt man, um die Fugen beisammenzuhalten, kurze doppelte Schwalbenschwänze ein, welche allerdings dann auf beiden Seiten oder einseitig sichtbar sind (Abb. 66) oder aber unsichtbare verkeilte Zapfen. Zu letzterem ist es notwendig, daß die beiden Löcher schwalbenschwanzförmig in die Tiefe weiter werdend ausgestemmt werden (Abb. 67).

Eine mit Grat- und Hirnleisten versehene Platte ist wohl vor dem Werfen, aber nicht vor dem Quellen und Windschiefwerden geschützt.

Diese Aufgabe hat die sogenannte Umrahmung zu bewerkstelligen, welche die Platte vollständig einfaßt.

Die umgebende Platte heißt man Füllung, die Begrenzung oder Einfassung Rahmen.

Zur Umrahmung einer Füllung in einer Ebene wird die erstere eingefälzt (Abb. 68), eingespundet (Abb. 69) oder auch eingefedert (Abb. 70).

Quillt nun die Füllung, so wirft sich dieselbe oder versprengt auch den Rahmen; schwindet sie, so entstehen offene Fugen.

Es kann somit zu dieser Verbindungsweise nur trocknes Holz verwendet werden; auch muß der Bestimmungsort des Gegenstandes trocken sein und bleiben.

Diese Mißstände werden durch folgende Verfahren verhindert:

durch einfaches Einstecken der Füllung in die Nut des Rahmens, wobei dieselbe so dick sein muß als die Nute des Rahmens breit ist (Abb. 71).

Ist die Füllung dicker, als die Nute breit ist, so wird dieselbe ringsum einseitig oder doppelseitig abgefast (Abb. 72) oder abgeplattet (Abb. 73), bis sie in die Nute eingesteckt werden kann.

Trocknet oder verändert sich das Holz der Füllung, so wird dieselbe lose und klappert oder versprengt auch den Rahmen.

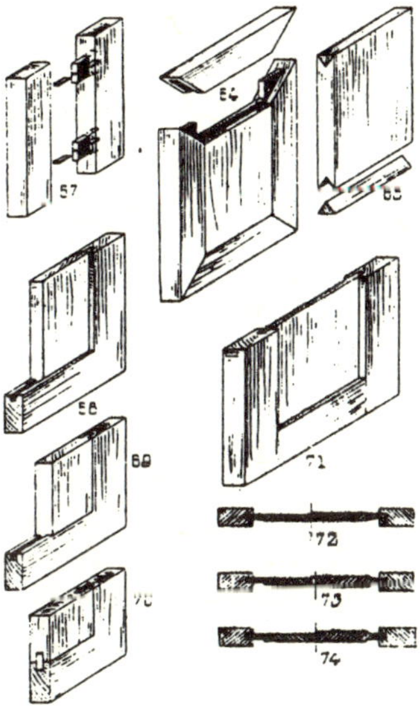

Abb. 64, 65, 67—74.

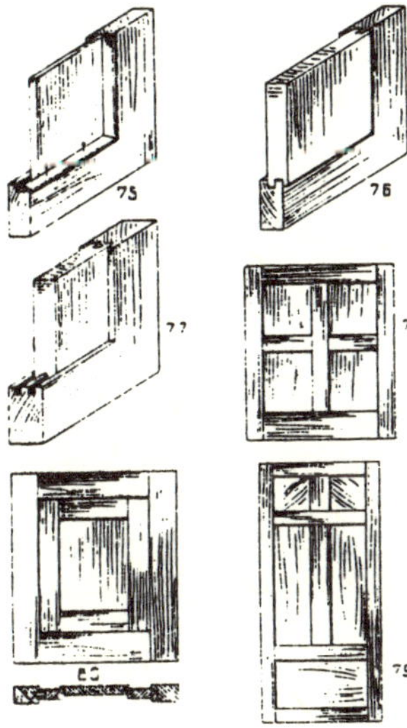

Abb. 75—80.

Um dies zu verhüten, findet Abb. 74 Anwendung.

Eine weitere Art der Befestigung der Füllung geschieht durch einfaches Einlegen derselben in den Falz des Rahmens mit sogenannten Füllungsstäben (Abb. 75).

In anderen Fällen wird Rahmen und Füllung genutet, und zwar so, daß eine Wange der Füllung in die Nute des Rahmens und umgekehrt eine Wange des Rahmens in die Nute der Füllung passen (Abb. 76).

Diese Verbindung heißt man „überschobene Füllung".

Bei außergewöhnlich starken Rahmen muß man das Rahmenholz mit zwei Nuten und die Füllung hingegen mit einer Nute in der Weise versehen, daß die beiden Wangen der Füllung in die Nuten des Rahmens passen (Abb. 77).

Zu große Füllungen, die nicht aus Sperrholz bestehen, anzuwenden, ist nicht empfehlenswert, da das Holz in solchen Fällen sich zu sehr verändert, und zu kleine Füllungen sind überflüssig, insofern der Entwurf es nicht bedingt.

Bei großen Holzflächen werden daher aufrecht sowie quer Mittelrahmstücke eingesetzt, durch welche dann verschiedene größere oder kleinere Felder und Füllungen entstehen (Abb. 78 und 79).

Das Rahmholz soll nicht übermäßig breit und nicht stark gemasert sein.

Alle vorerwähnten Füllungen müssen 1 bis 2 mm in der Tiefe der Nute Luft haben, damit beim Quellen der Füllung das Holz Platz zur Dehnung hat.

Zu den Rahmen soll möglichst Reifholz verwendet werden, da dasselbe sich am wenigsten verändert.

Für die Füllungen hingegen kann beliebiges Holz verwendet werden, da dasselbe von dem Rahmen festgehalten wird.

Als Füllungen werden auch Rahmen mit Füllung verwendet (Abb. 80).

Unter Füllungen versteht man aufrechte und waagrechte, obere, mittlere, untere und seitliche.

Die Rahmen, welche die Füllungen umfassen, müssen an ihren Enden, je nach Zweck und Form, verschiedenartig miteinander verbunden werden, was mit Eck- und Winkelverbindung bezeichnet wird.

b) Eck- und Winkelverbindungen.

Man unterscheidet verschiedene Arten von Eckverbindungen, solche, deren Breitseite in einer oder mehreren Ebenen liegen.

1. Eck- und Winkelverbindungen, deren Breitseite in einer Ebene liegen.

Bei dieser Art können die Hölzer folgendermaßen verbunden werden:

1. stumpf (Abb. 81), auf Gehrung (Abb. 82), mit eingelassenen Schwalbenschwänzen (Abb. 83), eingeschobener Feder (Abb. 84) oder zusammengedübelt (Abb. 85);

2. stumpf (Abb. 86), auf Gehrung (Abb. 87), mittels Schwalbenschwanzes und kreuzförmig übereinandergeplattet (Abb. 88 und 89);

3. stumpf geschlitzt mit einem (Abb. 90) oder mehreren Zapfen (Abb. 91) und auf Gehrung geschlitzt mit einem

(Abb. 92) oder mehreren Zapfen (Abb. 93), einseitig oder doppelt auf Gehrung (Abb. 92 und 93);

4. gestemmt mit Zapfen (Abb. 94) und mit Zapfen und Feder (Abb. 95).

Bei sehr breiten Stücken werden mehrere Zapfen angewendet; doch soll ein Zapfen mit Rücksicht auf das Eintrocknen nicht breiter wie 7—8 cm sein (Abb. 96).

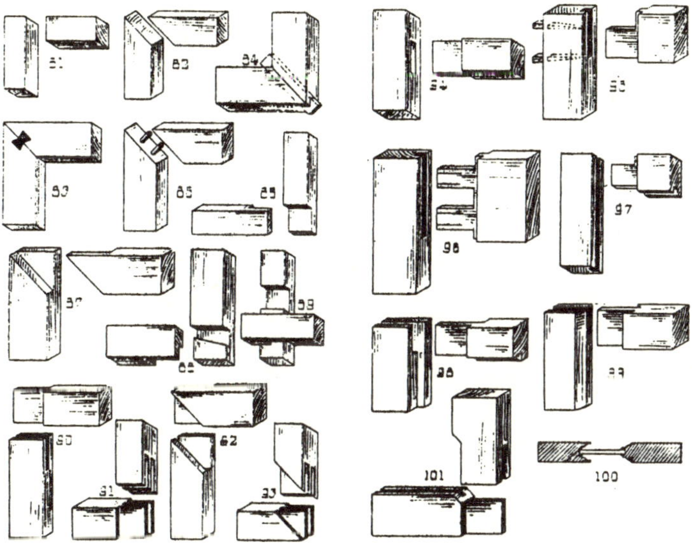

Abb. 81—101.

Alle durchgehenden Zapfen werden doppelt von außen verkeilt, oder dieselben werden vorher eingeschnitten und verkeilt, wobei sich dann der Zapfen schwalbenschwanzartig in dem hierzu besonders gestemmten Loch ausdehnt.

Das Zapfenloch darf nicht zu weit am Ende des Holzes sein, da sonst das letztere beim Anziehen des Keils ausreißt.

Je nach Profilform der zu verbindenden Hölzer werden die Zapfen verschieden abgesetzt: auf Nut (Abb. 97), Falz (Abb. 98), Fase (Abb. 99), Hobel (Abb. 100) und auf Gehrung (Abb. 101) zusammengeschlitzt oder gestemmt.

Das Schlitzen und Stemmen wird vom Schreiner am meisten angewendet.

Bei Bauarbeiten wird wegen Witterungseinfluß weniger geleimt, daher mehr gestemmt, bei Möbelarbeiten umgekehrt und daher mehr geschlitzt.

2. Eck- und Winkelverbindungen, deren Breitseiten in zwei oder in mehreren Ebenen liegen.

Hierbei ist zu beachten, daß nur gleichmäßig arbeitendes Holz miteinander verbunden wird, z. B.: Langholz mit Langholz, Querholz mit Querholz oder Hirnholz mit Hirnholz, weil dann durch das Eintrocknen oder Quellen desselben eine gleichmäßige Veränderung ermöglicht wird.

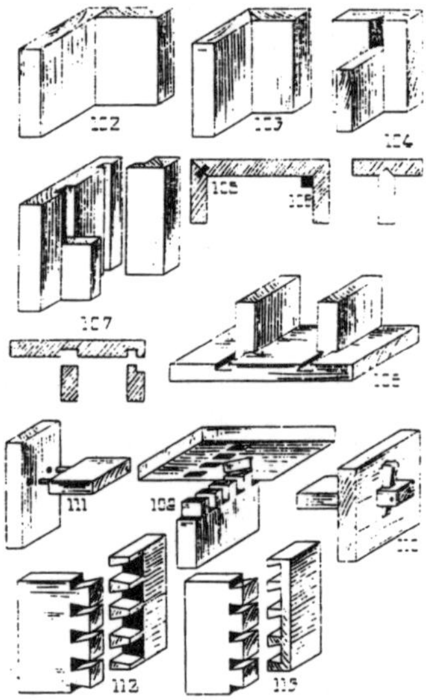

Abb. 102—113.

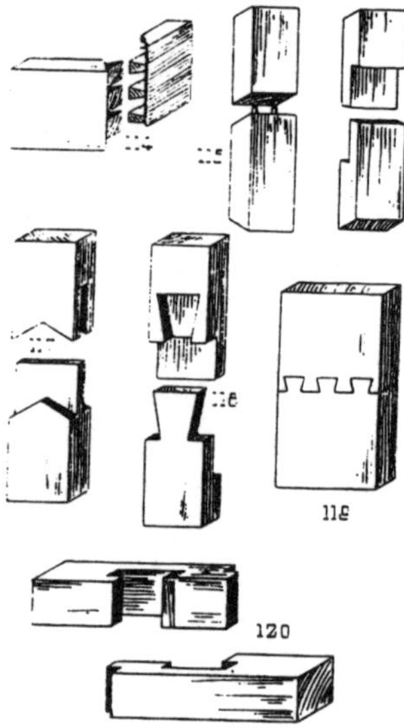

Abb. 114—120.

Eine solche Verbindung kann dann auch verleimt werden.

Diese Verbindungen erfolgen folgendermaßen:

1. durch stumpfes Aneinanderfügen,
2. „ Nut und Feder,
3. „ Nut und Grat,
4. „ Verzapfen,
5. „ Dübeln,
6. „ Verzinken.

Das stumpfe Aneinanderfügen erfolgt einfach oder auf Gehrung (Abb. 102 und 103).

Diese Verbindung wird verstärkt durch Einstecken einer Feder (Abb. 105) oder Eckklotz (Abb. 106) oder Spitzfeder (Abb. 104), durch Falz oder Nut (Abb. 107).

Bei der Verbindung mit doppeltem oder einfachem Grat (Abb. 108) ist das Zusammenhalten der Hölzer im Gegensatz zu den vorerwähnten Verbindungen gesicherter.

Soll Querholz mit Querholz verbunden werden, so kann auch statt Grat ein Verzapfen mit Fingerzapfen, welche, wenn dieselben durchgehen, noch über Eck verkeilt werden müssen, erfolgen (Abb. 109).

Wird Quer- und Langholz verzapft, so daß der Zapfen nach außen vorstehen kann, so wird durch ein besonderes Loch durch denselben ein schräger Keil getrieben (Abb. 110). Um das Ausreißen der Zapfen beim Antreiben des Keils zu verhindern, wird quer zum Keil und vor demselben durch den Zapfen ein Dübel eingesetzt (Abb. 110).

Das Dübeln (Abb. 111) ist eine einfache und haltbare Verbindung, die im Möbelbau sehr häufig und in Gemeinschaft mit anderen Holzverbindungen angewendet wird.

Das Verzinken erfolgt in drei Arten: einfach oder durchgezinkt (Abb. 112), einfach verdeckt (Abb. 113) und doppelt verdeckt mit Gehrung (Abb. 114).

Die Verzinkung wird bei Langholz mit Langholz nicht angewendet.

Die Zinken, welche schwalbenschwanzartig sein müssen, dürfen nicht zu spitzwinkelig sein, da sonst dieselben ausbrechen, auch wenig Halt geben.

Auch müssen dieselben einen größeren Abstand voneinander haben, als sie groß sind.

c) Verbindungen nach der Länge.

Sollen Hölzer in der Richtung ihrer Fasern der Länge nach miteinander verbunden werden, so geschieht dies durch:

Dübeln (Abb. 115),
Übereinanderplatten (Abb. 116) und
Zusammenschlitzen (Abb. 117).

Beim Zusammenschlitzen werden vielfach die anstoßenden Hirnholzenden schräg abgesetzt.

Eine weniger angewendete Verbindung ist die mittels Schwalbenschwanzes (Abb. 118).

Bei breiteren Brettern wird Abb. 119 angewendet.

Sehr häufig wird hingegen der sogenannte französische Schluß, oder auch Hackenblattform genannt, mit Keil, besonders bei Bauarbeiten, angewendet, wiederum weil dadurch ein Verleimen nicht notwendig wird (Abb. 120).

d) Sperrholzplatten, ihre Herstellung und Anwendung.

Ein bedeutender Fortschritt in der Holzbearbeitung ist die Herstellung von Sperrholzplatten. Es sind dadurch in der Bau- und Möbelschreinerei viel mehr technische und künstlerische Möglichkeiten gegeben, mit großen Flächen zu arbeiten und haben sich dadurch naturgemäß andere Zusammenstellungen und Holzverbindungen ermöglichen lassen.

Unbedenklich können nun an Möbeln große Flächen aus Sperrholz als Füllungen oder als ganz glatte Flächen angewendet werden. Bei der Bauschreinerei ist es heute möglich, aus Sperrholzplatten große ununterbrochene glatte Flächen und Wände jeden Ausmaßes zu gestalten und auszuführen.

Während das Schnittholz durch Einflüsse von Feuchtigkeit stets und ständig mehr oder weniger arbeiten wird, ist dies beim Sperrholz nicht mehr in diesem Ausmaß der Fall.

Unter Sperrholz versteht man durch Absperren ein Aufteilen des Holzes in verschiedene Schichten, die alsdann kreuzweise aufeinandergeleimt werden. Die widerstandsfähigeren längsliegenden Fasern sperren die querliegenden Fasern der nächstliegenden Schichte ab und verhindern dadurch die Bewegungsfreiheit des Holzes.

Das Überziehen und Absperren durch ein anderes Holz ist ja werkstattmäßig ein altes Verfahren. Erst durch die Vervollkommnung in der fabrikmäßigen Herstellung besonderer Sperrholzplatten nach verschiedenen Verfahren sind für die Bau- und Möbelschreinerei ganz andere und neue Möglichkeiten gegeben worden. Außer den 3—7fach verleimten Furnierplatten werden sogenannte besondere Tischlerplatten hergestellt. Die Unterlage solcher Platten besteht aus gleichlaufenden Leisten, die miteinander verleimt sind. Diese Leisten sind entweder aus Brettern hergestellt und sind dann blockverleimte Platten. Sind diese Stäbe aus dünnen Furnieren erzeugt, so bezeichnet man die so hergestellten Platten mit stabverleimten Platten. Auf noch andere Weisen werden Sperrholzplatten hergestellt, die aber nicht alle als sehr brauchbar bezeichnet werden können und ist hier auch besondere Vorsicht bei deren Verwendung geboten. Die erste Bedingung für eine gut hergestellte Sperrholzplatte ist das richtige Verhältnis der Stärke der verschiedenen Lagen zueinander. Die Sperrholzplatten sollen praktisch gesehen in der Länge wie Breite weder schwinden noch quellen. Da aber Holz immer durch seine Beschaffenheit, der atmosphärischen Luft ausgesetzt und dafür empfänglich und empfindlich, so ist auch bei der Behandlung dieses Werkstoffs Sorgfalt notwendig. Durch falsche Behandlung wie z. B. beim Transport, Lagern und in der Verarbeitung können sich auch diese Platten noch verziehen und werfen. Jeder Einfluß von Nässe und Feuchtigkeit ist fernzuhalten. Bei der Verarbeitung sollen die Sperrholzplatten nicht mehr durch die Hobelmaschine laufen, sondern höchstens mit der Abzahn- und Schleifmaschine behandelt werden. Ebenso sollen beim Überfurnieren und beim Verbinden mit massiven Holzteilen alle Stücke gleich trocken sein, da sonst mit Haarrissen und einem Verziehen der Platten gerechnet werden muß.

Werden Sperrholzplatten nur einseitig furniert, dann wird vorher die Rückseite angefeuchtet, werden dieselben auf beiden Seiten furniert, so muß auf beiden Seiten die Zusammensetzung der Furniere dieselbe sein, auch die Faserrichtung muß auf beiden Seiten gleichlaufen.

Beim Möbelbau durch Eckverbindungen müssen die Hirnholzseiten entweder auf Gehrung zusammengesetzt, oder in anderes Holz verdeckt eingelegt werden.

Bei Rück- und Seitenwänden von Möbeln kann bei einer Eckverbindung die eine Platte in den Falz der anderen Platte zu liegen kommen und einfach verschraubt werden. Auch kann die eine Platte mit einer stehenbleibenden Feder in die Nute der anderen Platte greifen, oder aber beide Platten werden stumpf oder auf Gehrung zusammengesetzt und mit einer Querholzfeder verbunden.

Die weitere Eckverbindung von Sperrholzplatten kann auch durch Dübel erfolgen, und zwar bei direkter Verbindung der Platten oder unter Benützung von Pfosten.

In Deutschland werden die Sperrholzplatten besonders aus Buchen, Erlen- und Kiefernrundholz, auch aus Okumé hergestellt, von 8—12 mm Dicke.

Die sogenannten „Tischlerplatten" in einer Stärke von 10—40 mm Dicke sind, wie schon erwähnt, mit einer rostartigen Mittellage von Stäben und Streifen aus Kiefer, Tanne, Fichte, Erle usw. mit dazwischenliegenden Luftkanälen aufgebaut. Die Verleimung dieser Platten erfolgt durch organische Leime wie Kasein usw., aber auch neuerdings durch Kunstharzleime. Die Herstellung dieser Sperrholzplatten geschieht mit besonderen Einzelmaschinen wie Leimauftragmaschinen, Säulenpressen usw. und verlangt höchste technische Anforderungen an Maschinen und Bearbeitung.

Das Sperrholz kann auch zu gewissen Formen und Profilen mit besonderen Biegemaschinen gestaltet werden. Infolge der vielseitigen technischen und künstlerischen Verwendbarkeit des Sperrholzes und seiner besonderen wirtschaftlichen Vorteile ist ein eingehendes Studium der bereits schon vorhandenen wertvollen Literatur darüber zu empfehlen.

Ein Schrifttumverzeichnis darüber enthält die Zeitschrift des Vereins deutscher Ingenieure V. D. I., Band 14, 1935, Seite 453, desgleichen über Holzbearbeitung Seite 31, und es sind im Schrifttumverzeichnis dieses Buches daraus auszugsweise einige Angaben gemacht.

B. Anwendung der Verbindungen an:

1. Möbel.

Der Tisch ist samt den Sitzmöbeln eines der ältesten gebräuchlichsten Möbelstücke.

Man unterscheidet, je nach seiner Verwendung und Bauart, Speisetische, Arbeitstische, Prunk- und Ziertische.

Der weiteren Bezeichnung nach sind es: Küchentische, Waschtische, Schreibtische, Speise- oder Ausziehtische, Salontische, Rauch- und Ziertische usw.

Die Hauptbestandteile des Tisches sind die waagrechte oder schiefgelegte Tischplatte und das Untergestell.

Die Höhe und Größe, sowie die ganze Gestaltung der Tische sind sehr verschieden und richtet sich ganz nach der Verwendung derselben.

Ist ein Tisch für die Arbeitsverrichtung zu hoch, so ist er unangenehm; ist derselbe zu niedrig, so daß der Mensch in gebückter Stellung mit der Brust eingedrückt arbeiten muß, so ist dies noch mehr der Fall.

Das die Tischplatte tragende Untergestell darf den Unterkörper nicht zu sehr einengen; auch darf dasselbe den am Tisch Arbeitenden nicht zu sehr vom Tischplattenrand abhalten.

Im allgemeinen hat man für die am meisten verwendeten Tische gewisse erprobte Maße.

Z. B. soll ein Wirtshaustisch und Speisetisch nicht höher als 76 cm werden, um großen und kleinen Personen gleichmäßig bequem zu sein.

Die Höhe eines Arbeitstisches, wie Schreib- und Zeichentisches, soll 75—80 cm betragen.

Ein Waschtisch soll 68—75 cm hoch sein, je nach der Größe der Person.

Rauch-, Servier- und Nähtische sollen zirka 65—75 cm Höhe haben.

Die Tischplattengröße eines Sitzungs- oder Speisetisches soll für die Person 60 cm Breite betragen.

Die Breite einer Tischplatte richtet sich allgemein verhältnismäßig nach der Länge derselben.

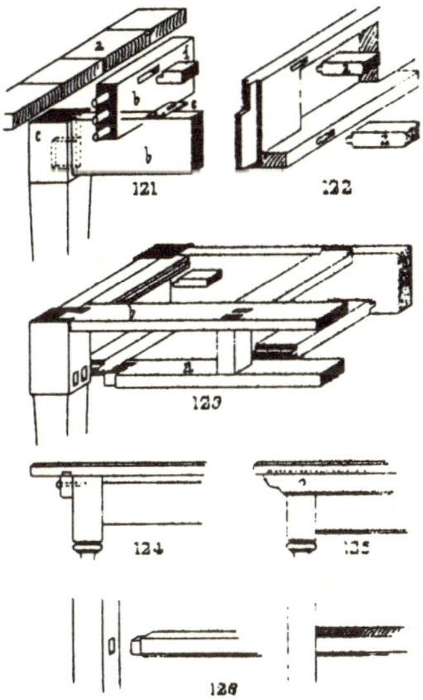

Abb. 121 126.

Den Formen nach unterscheidet man vier-, sechs- und achteckige Tischplatten, ebenso geschweifte, runde oder ovale Platten.

Weiter gibt es Tische mit verstell- und ausziehbaren Tischplatten, wie Klapptische und Ausziehtische.

Das Untergestell der Tische kann aus drei, vier und mehr Füßen bestehen, auch aus zwei Brettwänden (Stirnwandtische).

An Stelle der letzteren können auch kreuzförmig übereinandergeplattete Streben (Sägbocktische) angewendet werden.

Außerdem gibt es Tische, deren Platten auf einer oder zwei Säulen oder auch auf Trägern ruhen.

Die Verbindung der Tischplatte mit dem Untergestell kann fest oder lose sein (Abb. 121).

Auch der Unterbau der Tische kann verstellbar, zusammenklappbar und zerlegbar sein.

Das Gestell oder der Unterbau der Tische kann auch je nach Entwurf unten oder in der Mitte mit Stützen, Stegen und Spangen unter sich wieder verbunden werden (Abb. 126).

Der einfache Küchentisch besteht aus a Tischplatte, b Zarge und c vier Füßen (Abb. 121).

Die Tischplatte ist einfach verleimt. Die Zarge wird mit den Füßen durch Zapfen oder mit Dübeln verbunden. Die Tischplatte wird mit dem Untergestell mittels Nutklötzen d oder Metallplatten e verbunden.

Es können auch in der Tischplatte Gratleisten eingeschoben werden, welche über die Zarge greifen und mit Dübeln festgehalten werden.

In beiden Fällen ist es der Tischplatte ermöglicht, sich nach allen Seiten etwas im Holz zu bewegen; auch kann dieselbe leicht abgenommen werden.

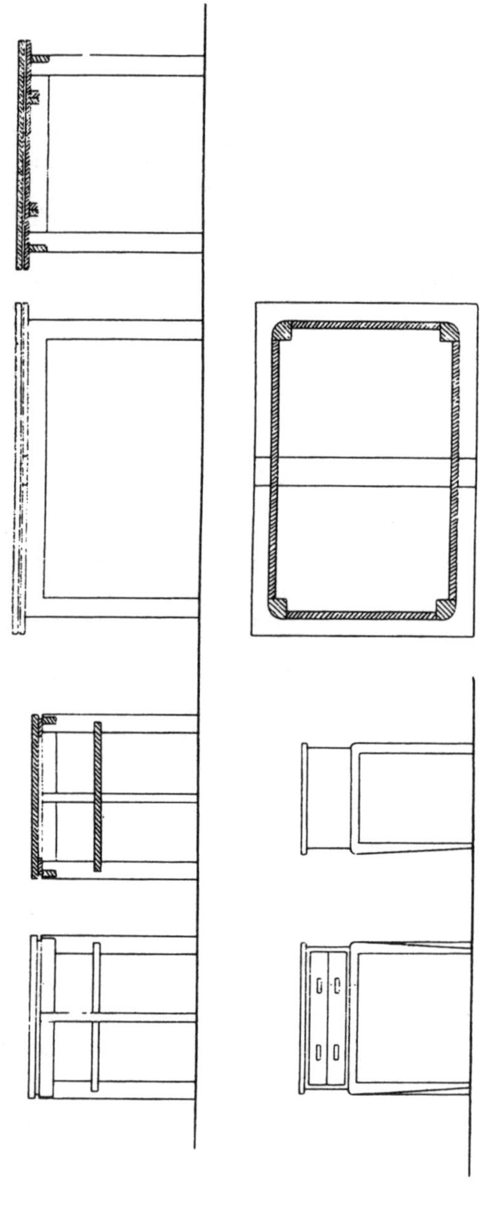

Abb. 127 und 128.

Soll nun der Tisch Schubladen erhalten, so können die letzteren in der Mitte der Zarge oder zwischen den Füßen angebracht werden.

Werden die Schubladen in der Zarge angebracht (Abb. 122), so verändert sich die eigentliche Verbindung des Tisches nicht. Es müssen in diesem Falle zwischen Vorder- und Hinterzarge unten und oben Laufleisten a angebracht werden.

Laufen die Schubladen (Abb. 123) zwischen den Tischfüßen, so müssen über und unter dem Schubkasten sogenannte Travers a und b angebracht werden. Der untere Travers a ist eingezapft und der obere eingezinkt. Die Laufleisten sind mit Traversen durch kleine Zapfen verbunden.

Alle erwähnten Verbindungen, die Tischplatte mit dem Untergestell hiervon ausgeschlossen, werden verleimt.

Mit Abb. 124, 125, 126, 127 und 128 sind die gebräuchlichsten A r t e n von T i s c h e n in ihrer Zusammensetzung gezeigt, insofern der Unterbau nicht schrankartig, wie bei Schreib- und Waschtischen gebildet ist.

Letztere Tischarten gehören zu den Kastenmöbeln.

Unter K l a p p t i s c h e n unterscheidet man verschiedene Arten:

Tischplatten, welche gedreht und in zwei gleich großen Teilen aufgeklappt werden (Abb. 129).

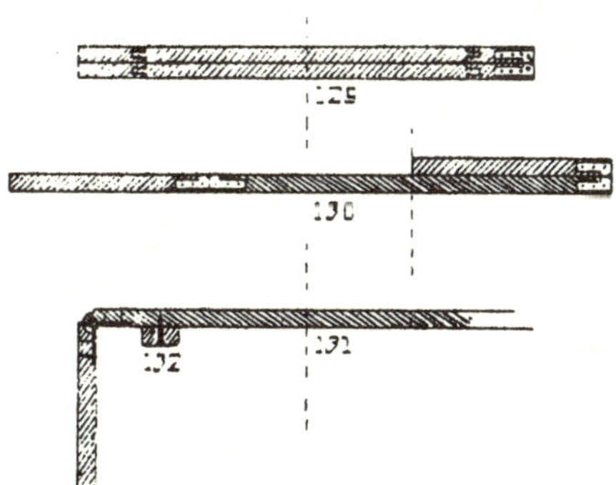

Abb. 129—132.

Tischplatten mit zwei bis zur Mitte derselben aufgelegten gleich großen Klapplatten, welche nach rechts und links aufgeklappt werden (Abb. 130);

Tischplatten mit herunterhängenden Klappen, welche aufgestellt werden (Abb. 131).

Für die Mechanik oder Verbindung der Platten unter sich werden gewöhnliche Scharniere oder besondere Patentbeschläge verwendet.

Bei größeren, den beiden letztangeführten, Klapptischen werden die ausgelegten Beiplatten mittels Auszieh- oder Drehleisten (Abb. 132) auf besonderen Patentfedern getragen.

Wie beim Klapptisch durch Um- oder Aufklappen der Beiplatten eine vorübergehende Vergrößerung der Tischfläche ermöglicht wird, so geschieht dies beim Ausziehtisch durch Ausziehen der übereinanderliegenden Platten und beim Kulissentisch durch Ausziehen des ganzen Tisches und Einlegen von Beiplatten.

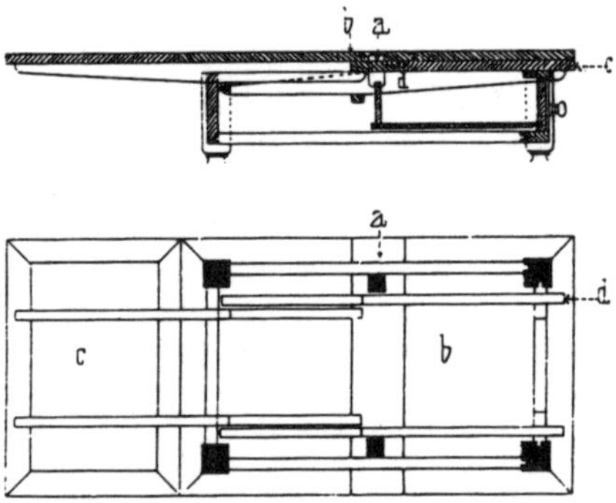

Abb. 133.

Beim Ausziehtisch (Abb. 133) ist der Breitseite der Zarge nach auf dieselbe in der Tischplattenstärke eine sogenannte Brücke a aufgelegt, auf welcher in zwei runden oder viereckigen Zapfen die obere Tischplatte b ruht. Rechts und links von der Brücke liegen unter der oberen Hauptplatte die beiden ausziehbaren Beiplatten c, welche auf je zwei schiefen Gratleisten festliegen. Die Gratleisten d müssen an den vorstehenden Seiten so lang sein, daß dieselben beim vollständigen Ausziehen der Beiplatten noch 2—3 cm unter die Querbrücke greifen, wodurch das Festliegen bewerkstelligt wird.

Der Kulissentisch unterscheidet sich von dem Ausziehtisch durch eine Teilung der Längszarge (Abb. 134a). Die Verbindung der getrennten Zargen bei einfacher Benutzung des Tisches erfolgt mittels einer konischen Schließe b. Beim Kulissentisch sind die Zargen auf der Breitseite noch mit Brücken c verbunden.

Auch kann noch, je nach der Länge und Form des Tisches an diesen Brücken je eine weitere Stütze oder Fuß angebracht werden.

An der einen Brücke c werden beiderseits die inneren und an der anderen Brücke beiderseits die äußeren Kulissen festgeschraubt.

Bei einem größeren Tisch von 5, 7 oder 9 Kulissen werden die mittleren beiderseits mit einer weiteren Brücke verbunden, an welcher noch als weitere Stütze ein Fuß angebracht wird, durch welchen das Durchdrücken der Tischplatte dann vermieden wird.

Damit durch das Ausziehen der Kulissen der Tisch nicht auseinanderfällt, müssen an denselben sogenannte Arretierplatten d zum Anhalten angebracht werden.

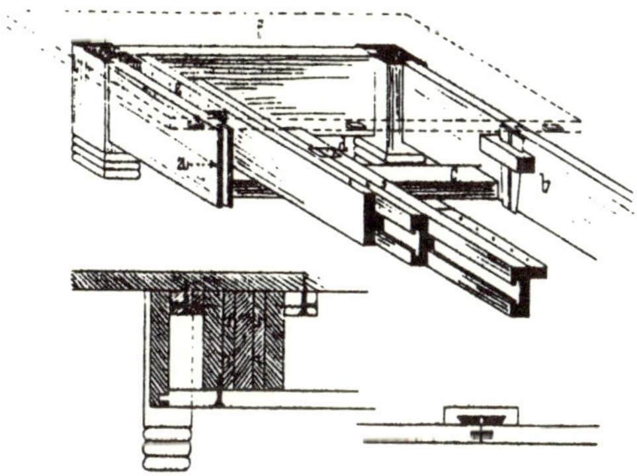

Abb. 134.

An den beiden äußeren Kulissen einerseits und den inneren andererseits müssen je Leisten e angebracht werden, auf welchen die äußeren Tischplatten f ruhen resp. festgeschraubt sind.

Auch sind diese Platten f mit den Zargen a durch Nutklötze oder Metallplatten fest verbunden.

Diese beiden Tischplatten sind sowohl unter sich als auch mit den Einlagen stumpf aneinandergefügt und, um ein Verschieben zu vermeiden, mit runden oder breiten Dübeln verbunden.

Die Tischplatten samt Einlagen können aus Rahmenwerk mit Füllung bestehen oder furniert abgesperrt werden.

Hirnleisten sollen wegen dem Verziehen oder Verreißen der Platten nicht verwendet werden.

b) Sitzmöbel.

Die Sitzmöbel, wie Schemel, Hocker (Abb. 138), Stühle (Abb. 136 und 137), Sessel (Abb. 135), Bänke, Sofas usw., dienen dem Menschen, sich zur Ruhe oder Arbeit bequem niederzulassen.

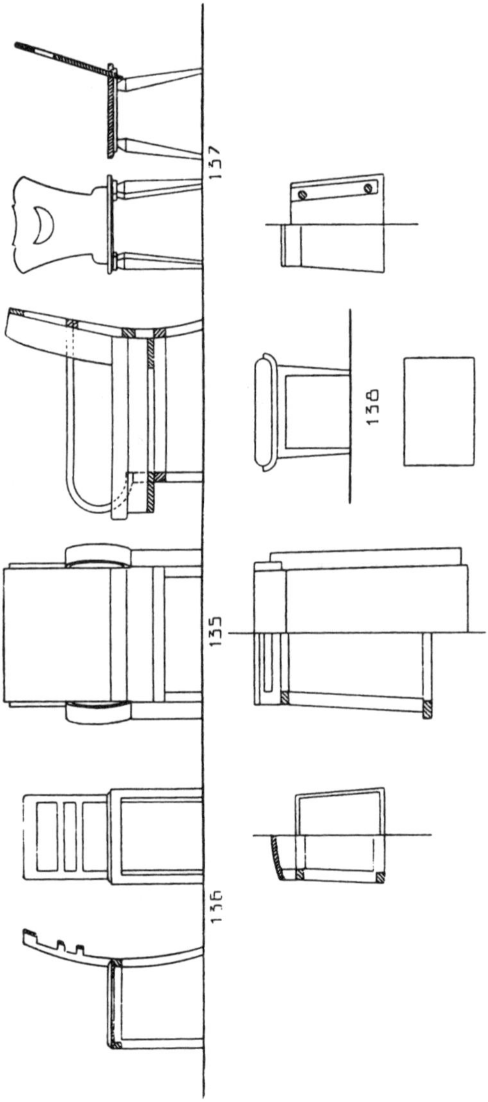

Abb. 135—138.

Dieselben unterscheiden sich durch ihre verschiedenartigen Höhen, Tiefen, Breiten und Längen.

Es ist daher die Bestimmung der Sitzhöhe das wichtigste für diese Möbel.

Die Sitzhöhe ist bequem und richtig, wenn beim Sitzen der Oberschenkel waagerecht, der Unterschenkel senkrecht ist und die beiden Füße auf dem Boden bequem aufstehen.

Soll das Sitzen noch bequemer gemacht werden, so erhält die Sitzgelegenheit noch eine Rücklehne, um den Rücken anzulehnen, und zum waagerechten Auflegen des Unterarms noch rechts und links Armlehnen.

Die Breite und Tiefe der Sitzfläche richtet sich nach der Verwendung des Möbels.

Ist die Sitzfläche etwas hohl und der Körperform angepaßt, so ist das besser, als wenn dieselbe gewölbt ist.

Polstermöbel müssen genügend gewölbt und hoch gepolstert werden, da durch das Aufsitzen ein Eindrücken von selbst stattfindet.

Es gibt jedoch auch feste Polsterung, bei welcher genau die Normalhöhe der Sitzflächen maßgebend ist.

Soll der Sitz sicher sein und besonderen Halt bieten, so muß die Sitzfläche nach hinten etwas tiefer werden; im allgemeinen aber ist dieselbe waagerecht.

Die Rücklehne an Stühlen soll etwas nach oben und hinten geneigt sein, eine Höhe beim Sitzen bis zur Achselhöhe von ungefähr 50—70 cm haben und dem Oberkörper entsprechend breit sein. Im anderen Falle müssen die Lehnen über Kopfhöhe hinausreichen.

Sitzmöbel mit Rücklehnen können tiefer sein als solche ohne Lehnen, wie Stühle usw. Nur darf beim Anlehnen des Oberkörpers die Kniekehle sich nicht zu sehr an die Sitzflächenkante drücken.

Der Schemel ist eine niedrige Sitzgelegenheit.

Beim Stuhl ist die Sitzfläche 45—50 cm hoch.

Derselbe besteht aus Sitz, Zarge, Vorderfüßen und Lehne mit Füßen.

Beim gewöhnlichen Stuhl ist dieselbe hinten 32—38 cm und vorn 40—45 cm breit. Tief ist dieselbe 38—45 cm.

Bei den meisten Sitzgelegenheiten besteht der Sitz aus einem Rahmen, hat Flecht- oder Polstereinlage.

Die Höhe und Größe der Rahmen für Polstermöbel richtet sich nach der Art der Polsterung.

Der Zusammenbau und die Verschiedenartigkeit der Stühle ist aus den beigegebenen Abbildungen ersichtlich und geschieht größtenteils mit Dübeln.

Der gewöhnliche Bretter- oder Kneipstuhl besteht aus Sitz, Lehne und vier Füßen. Derselbe findet in einfacher Ausführung Verwendung für Küchen-, Wirtschaftseinrichtungen, Siedlungen usw., in reicherer Ausführung in Kneipzimmern, altdeutschen Stuben usw. (Abb. 137).

Zur Ausführung wird größtenteils nur härteres Holz verwendet.

Die Rücklehne, welche entweder glatt ausgeschweift oder aber geschnitzt sein kann, ist ein 2—3 cm starkes Brett und hat in der Regel in der Mitte oben eine ausgeschnittene Öffnung, welche zum Anfassen mit der Hand dient.

Das Sitzbrett ist 2½—3 cm dick und hat unten zwei Einschubleisten, in welche mittels schief eingebohrten Löchern die vier gedrehten Stuhlfüße so eingesteckt und verkeilt werden, daß dieselben gespreizt zu stehen kommen.

Die unten in zwei Teile ausgeschnittene Rücklehne, welche ebenfalls nach hinten geneigt sein muß, wird durch Ausschnitte, welche durch Sitz und Einschubleisten hindurchgehen, durchgesteckt und unten verkeilt.

Der meist verwendete Stuhl ist in seiner Zusammensetzung der sogenannte Zargenstuhl (Abb. 139). Er besteht aus den beiden Vorderfüßen a, den beiden Hinterfüßen b, welch letztere in ihrer Verlängerung nach oben gleichzeitig schräg nach hinten die Rückenlehne bilden, der Sitzplatte c und den Zargen d.

Die vier Füße werden miteinander durch die vier Zargen oder Schwingen mittels Dübel, seltener durch Zapfen verbunden.

Die Sitzplatte wird hinten auf beiden Seiten so ausgeschnitten, daß die beiden Hinterfüße einpassen, und auf den nun gebildeten Zargenkranz festgeleimt.

Soll der Sitz Geflecht- oder Polstereinlage erhalten, so muß ein Rahmen gebildet werden, der, wie c zeigt, durch gewöhnliche Dübelung oder auf Gehrung durch Überplattung oder Verzapfung verbunden ist.

Die nach oben verlängerten Füße werden mittels Querhölzer verbunden, in welche noch häufig ganze Füllungen mit Geflecht, Polsterung usw. eingelegt werden, und wodurch nun die eigentliche Rückenlehne gebildet wird.

Die beiden Vorderfüße und vielfach die Vorderfüße mit den Hinterfüßen werden manchmal unter sich wieder zur besseren Verbindung, auch als Dekoration, noch mit Stegen verbunden.

Während die Hinterfüße meistens kantig und oben sowohl wie unten nach rückwärts gebogen sind, wodurch einerseits ein bequemes Anlehnen und andererseits ein sicherer Stand des Stuhles erzielt wird, so stehen die Vorderfüße größtenteils gerade und sind oft noch besonders geformt.

Gedrehte Stuhlfüße läßt man gern an den Verbindungsstellen kantig und voll.

Bei dem flach gepolsterten Stuhl wird der Rahmen des Sitzes innen mit einem Falz versehen, über welchen die Gurten und darauf der eigentliche Überzug von Leder, Stoff usw. gespannt und mit Polsternägeln befestigt wird.

Bei der hohen Polsterung fällt der Sitzrahmen weg, die Vorderfüße stehen über der Zarge etwas über und entsprechend dieser Erhöhung

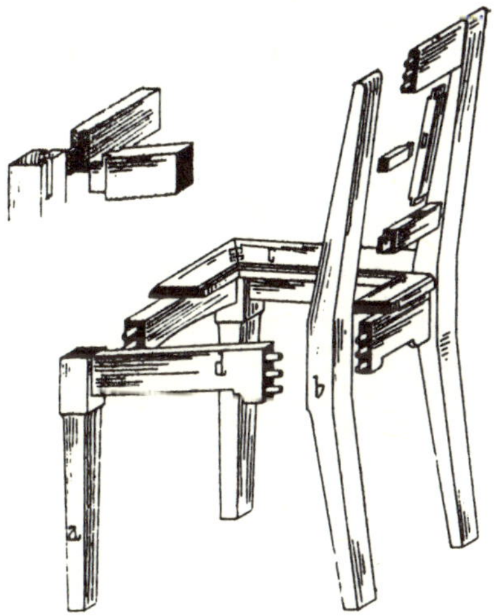

Abb. 139.

werden hinten auf der Zarge sogenannte Polsterklötze aufgeleimt, über welche nun die hohe Polsterung erfolgt.

Die Polsterung des Sitzes kann auch in der Weise erfolgen, daß dieselbe über einen Rahmen gespannt von unten oder oben in den Sitzrahmen eingelassen wird.

Ebenso wie die Polsterung des Sitzes erfolgt dieselbe der Rückenlehne oder bei Sesseln der Armlehnen.

Von den vielen Arten von Sitzgelegenheiten kommen insbesondere noch diejenigen in Betracht, welche zwei oder mehr Personen Platz ermöglichen müssen.

Es sind dies die b a n k a r t i g e n S i t z m ö b e l, wie Truhen, Sofas, Bänke usw.

Die Truhe ist im Unterbau Kastenmöbel, dessen Deckel zugleich den Sitz bildet und in vollkommener Ausführung noch mit Rück- und Seitenlehnen versehen ist.

Das Sofa ist Sitz- oder auch Ruhemöbel und kann bei entsprechender Länge auch zum Liegen verwendet werden (Abb. 140).

Es ist in allen Fällen immer in der Hauptsache Polstermöbel. Der Unterbau desselben ist Kastenmöbel, welches nach unten und oben offen ist, und auf welchem der Rahmen mit der Federn- und Gurtenbespannung zu liegen kommt. Auf beiden Seiten werden fest oder abnehmbar, auch umklappbar die Gestelle der Seiten- oder Armlehnen a angebracht.

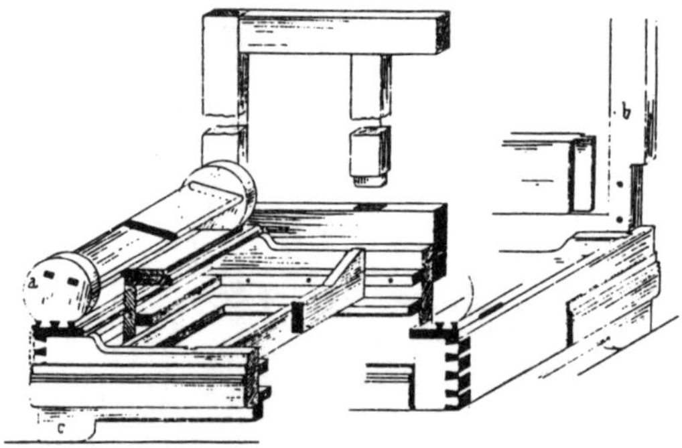

Abb. 140.

Das gewöhnliche Sofa hat niedere Rücklehne, während andere Sofas oft Rücklehnen über Kopfhöhe haben.

Bei größeren Sofas ist die Rücklehne b abnehmbar, während bei kleineren Möbeln dieselbe meistens fest mit dem Untergestell verbunden wird.

Der Sockel der Sofas ist mit Rücksicht auf die aufstehenden Füße, wenn praktisch gelöst, meistens zurückspringend c oder ausgeschnitten. Kommt derselbe in Wegfall, so wird der Unterbau des Sofas frei auf Füße gestellt.

c) Bettstellen.

Im Gegensatz zu den alten großen Bettstellen zur Zeit des Mittelalters, welche oft fast vollständig kastenartig zu- und eingebaut waren und verschiedenen Personen Platz zum Schlafen boten, ist die moderne Bettstelle aus praktischen und gesundheitlichen Gründen zweckmäßiger gestaltet.

Dieselbe ist niedriger, luftiger und größtenteils nur für eine Person bestimmt (Abb. 141).

Bei der modernen Bettstelle unterscheidet man die obere Kopf- und untere Fußseite oder Häupter genannt, die beiden Längsseiten und den Rost.

Die Breite einer deutschen Bettstelle ist 0,90—1,20 m, in der Länge etwa 1,90—2 m, die Höhe der Seiten etwa 50—65 cm.

Die französische Bettstelle ist breiter, ca. 1,50 m, und für zwei Personen berechnet.

Das Kopfstück ist in der Regel etwas höher wie das Fußende, da an ersteres die Kissen zu liegen kommen.

Die Seitenlängen a sind in die oberen und unteren Teile mit Haken b eingehängt, während der sogenannte mit Federn versehene Rost auf eingeleimte Klötze oder Leisten c aufgelegt wird.

Die beiden Seitenlängen sind meistens einfach glatt oder etwas ausgeschnitten. Oben und unten an den Enden haben dieselben eingeschobene Hirnleisten d.

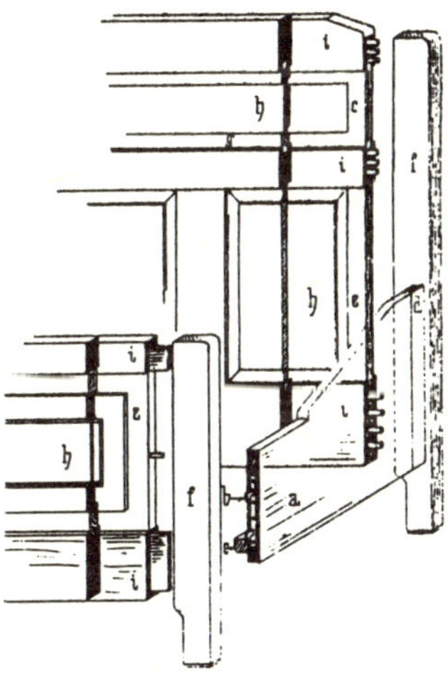

Abb. 141.

Bei einfachen Bettstellen sind die Häupter glatt verleimt, während bei besserer Ausführung dieselben gestemmt sind und aus dem Fries e und den beiden Füßen f bestehen. Der Fries besteht vielfach aus Rahmenwerk g mit Füllungen h, welche dann in die Nuten der Unter- und Oberteile sowie der Füße eingeschoben werden.

Die unteren, mittleren und oberen Riegel i sind mit den Füßen f mittels Dübeln oder Zapfen verbunden.

Die meisten Bettstellen sind heute vollständig ohne Füllungen glatt aus Sperrholzplatten hergestellt.

d) Kastenmöbel.

Zur Aufbewahrung der verschiedensten Arten von Gegenständen des Gebrauchs oder Luxus dienen die sogenannten Kastenmöbel.

Als Kastenmöbel bezeichnet man die Mehrzahl der Möbel unserer Wohnungseinrichtungen, wie Küchenschränke, Kleiderschränke, Büfetts, Wohnzimmerschränke, Bücherschränke, Truhen, Waschtische, Kommoden usw.

Die Größe und Form der Gestaltung solcher Möbel richtet sich nach deren Verwendung, nach der Platz- und Raumbestimmung eines Zimmers, nach den Größen von Türen, Gängen und Treppen wegen der Transportmöglichkeit usw.

Auf Grund praktischer Erfahrungen in dieser Hinsicht haben sich für solche Möbel gewisse Größen und Einteilungen herausgebildet, die beim Entwerfen eines Möbels sicheren Anhalt und Unterlage bieten.

Z. B. muß ein Kleiderschrank so hoch sein, daß man beim Aufhängen der Kleider sich nicht zu bücken oder übermäßig zu strecken braucht. Die Kleider dürfen auch auf dem Boden nicht aufstehen.

Der Aufsatzschrank eines Küchenschrankes muß eine Höhe haben, daß man noch bequem Gegenstände hineinstellen oder herausnehmen kann, ohne sich zu strecken oder gar einen Tritt zu benutzen usw.

Schubladen müssen in einer Höhe angebracht werden, daß man dieselben bequem ziehen und deren Innenraum betrachten kann.

Der Zusammenbau sowie die Verbindung der einzelnen Teile dieser Möbel muß mit Rücksicht auf das Schwinden und Quellen des Holzes so erfolgen, daß, ohne die Form und den Zusammenbau zu verletzen, diese Teile miteinander oder gegeneinander arbeiten können, daß ein mögliches Arbeiten des einen Teils durch den anderen verdeckt wird, oder aber daß die Bewegungen der einzelnen Teile sich gegenseitig ausgleichen.

Da bei den meisten Kastenmöbeln Schubladen und Züge angewendet werden, so ist es zunächst notwendig, die verschiedenen Zusammensetzungen derselben kennen zu lernen.

Es werden daher von Abb. 142—148 verschiedene Arten von Schubladen samt ihren Führungen dargestellt.

Die Schubkästen bestehen in der Regel aus Seitenteilen Abb. 142a, Hinter- und Vorderteil b, dem Boden c und eventuell Fächereinteilungen d.

Die Seitenstücke werden mit dem Vorderteil verdeckt gezinkt. Das Hinterstück wird einfach in die beiden Seitenstücke so gezinkt, daß dieselben samt dem Boden noch 6—8 mm überstehen. Der Boden wird in Nuten des Vorder- und der Seitenstücke eingeschoben (Abb. 146),

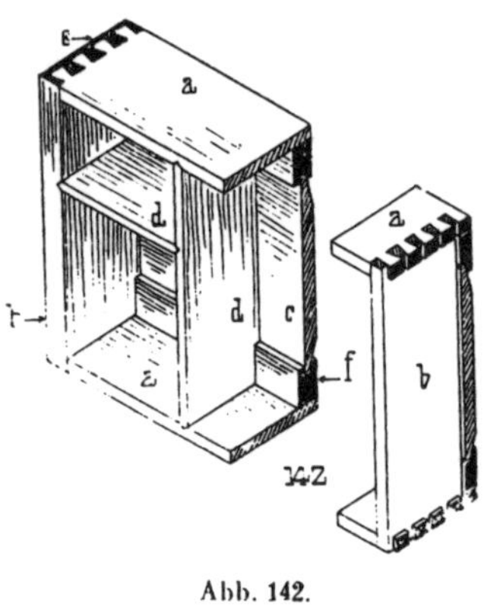

Abb. 142.

oder es werden an die letzteren innen oder unten sogenannte Nutleisten (Abb. 142f) geleimt, in welche dann derselbe eingeschoben wird.

Die Schubladenböden müssen mit Rücksicht auf das Eintrocknen derselben so eingeschoben werden, daß die Längsrichtung der Fasern mit denen des Vorderteils gleichlaufen.

Die Schubladen sind entweder in Gestellen, Schränken oder Kästen so eingefügt, daß dieselben ganz oder nur von fünf Seiten bedeckt werden.

Oder aber sie werden an Gestellen und Tischplatten angehängt (Abb. 143).

Schubkästen ohne Leisten direkt unter einer Platte oder auf einem Boden laufen zu lassen, ist zu verwerfen, weil dieselben über Querholz schlecht und unsicher gehen und beim geringsten Arbeiten des Holzes sich festklemmen.

Sind die Schubkastenseiten nicht aus Hartholz, so muß an dieselben unten eine Hartholzleiste angeleimt werden.

Es muß daher über und unter den Schubladen ein Rahmen oder Travers mit L a u f l e i s t e n angebracht werden (Abb. 145).

Das unangenehme Schleifen der Schubkästen auf der sichtbaren Vorderseite des Laufbodens oder Traverses wird vermieden durch Aufleimen von 3—4 mm dicken Leisten auf die Laufleisten oder durch Abfalzen des Traverses oder Laufbodens.

Das Vorderstück der Schubladen darf auch nicht direkt auf dem Travers oder Laufboden streifen.

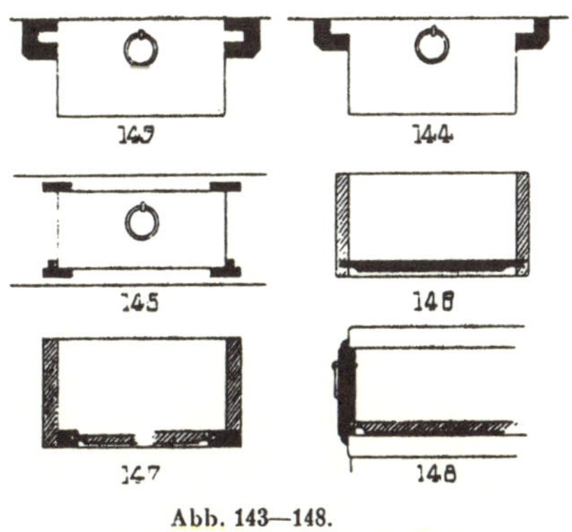

Abb. 143—148.

Um die Fugen zwischen Schubladen und der Einführung des Gestelles zu verdecken, läßt man die Vorderseite der Laden oben und unten oder ringsum überstehen, was durch Abfalzen erreicht wird (Abb. 148).

Soll aber die Vorderseite rings um ihre wirkliche Dicke vorstehen, so werden die beiden Schubladenseitenstücke statt gezinkt von unten in dieselbe mittels Grat eingeschoben.

Der Zusammenbau von einfachen und gestrichenen Möbeln, sowie einfachen massiven Hartholzmöbeln weicht von demjenigen besserer und furnierter Möbel etwas ab, wie Abb. 149 und 150 klar zeigen.

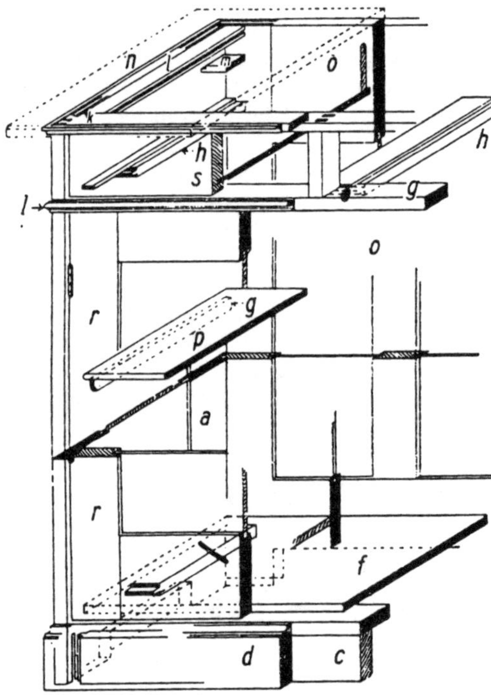

Abb. 149.

Bei Abb. 149, Schränkchen in Fichtenholz gestrichen ausgeführt gedacht, werden die beiden Seiten a zu Rahmen und Füllungen zusammengeschlitzt. Der Boden wird in die Seiten in Grat eingeschoben bis zur Oberkante des Sockels oder einfach auf Leisten eingelegt. Alsdann wird ein Blindsockel c zwischen die Seiten eingespundet und unter den Boden geleimt. Der Profilsockel d wird dann herumgekröpft.

In die Ecken zwischen Seiten und Blindsockel kann man Eckklötze leimen, an welchen dann die Füße befestigt werden.

Die Hinterfüße werden um Seitendicke und halbe Rückwanddicke ausgeklingt, an die Seiten geleimt und mittels Dübel am Boden befestigt.

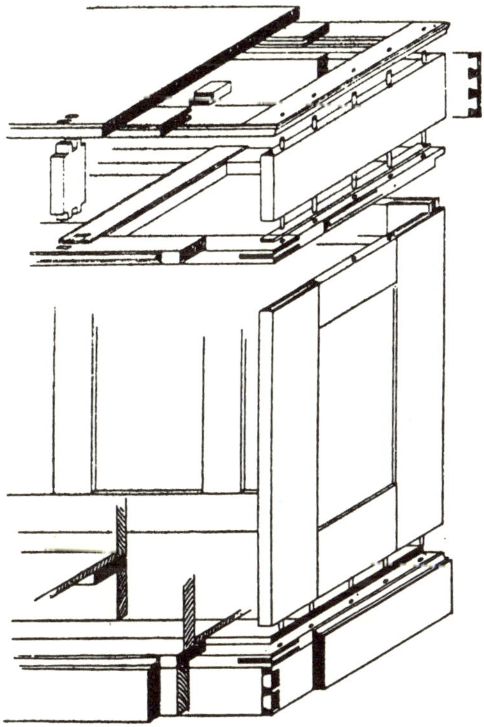

Abb. 150.

Bei gedrehten Füßen muß durch Einleimen eines Klotzes wie bei den Vorderfüßen verfahren werden.

Zwischen Tür und Schubkasten wird der Travers g eingezapft und die Laufleisten h stumpf an die Seite geleimt oder in Grat eingeschoben.

Am vorderen Hirnende der Laufleisten ist ein Zapfen angeschnitten, welcher in die Nute des Traverses eingeleimt wird.

Der Traversstab i wird alsdann um den Kasten geleimt. Der Travers k zwischen Platte und Schubkasten wird mit einer Nute versehen und durch einen Schwalbenschwanz von oben in die Seiten gezinkt.

Die oberen Lauf- oder Kippleisten l werden ebenfalls genutet, stumpf an die Seiten geleimt und wie h die übrigen Laufleisten mit dem Travers verbunden.

Der Profilstab unter dem Platt wird alsdann herumgeleimt.

Die Nut an dem oberen Travers und Laufleisten dient zur Anbringung von Nutzklötzen m und zur Befestigung der Platte.

Die Rückwand ist in Rahmen und Füllungen zusammengespundet oder geschlitzt und von hinten in den Falz der Seiten eingeschraubt.

Die Einlegeböden p werden auf die an den Seiten angeschraubten Tragleisten g oder, wenn dieselben verstellbar sein sollen, auf eingesetzte Zahnleisten gelegt.

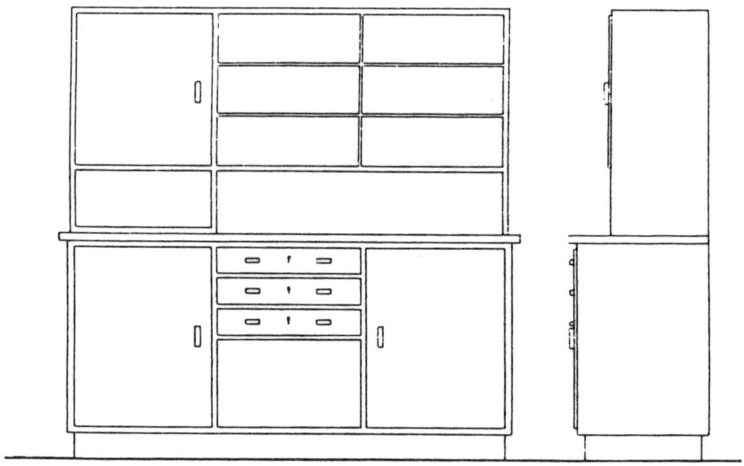

Abb. 151.

Die Türen r werden zusammengeschlitzt und die Füllungen eingenutet oder mit Füllungsstäben in Falz gelegt.

Der Schubkasten s ist zusammengezinkt und dessen Boden in Nuten eingeschoben.

Bei der vorgenannten Bauart kann anstatt des unteren ganzen Bodens auch ein zusammengeschlitzter Rahmen durch Grat oder Dübel mit den

Seiten verbunden oder eine Verbindung wie bei Travers g und Lautleiste h angewendet werden, auf welche dann ein dünnerer Einlageboden f gelegt wird.

Soll nun dieses Schränkchen, wie Abb. 150 zeigt, in besserem Holz und in besserer Ausführung, z. B. fur-

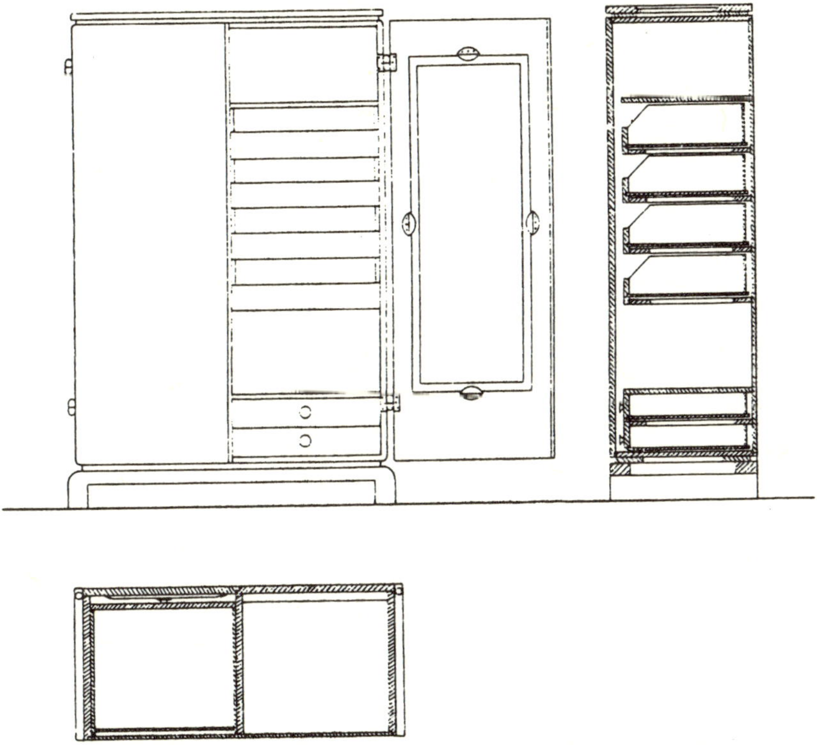

Abb. 152.

niert, hergestellt werden, so muß eine andere Verbindung der einzelnen Teile als vorstehend stattfinden.

Die sämtlichen Teile, wie Traverse, Seiten, Platte, Sockel usw., werden einzeln für sich zu Rahmen zusammengesetzt und alsdann mittels Dübel zu einem Ganzen vereinigt.

Es kann daher auch vor dem ganzen Zusammenleimen jeder einzelne Teil für sich sauber verputzt, geschliffen und poliert werden; auch nimmt die ganze Arbeit hierdurch nicht längere Zeit einen größeren Platz in der Werkstatt ein und wird auch aus diesem Grunde vor Beschädigungen geschützt.

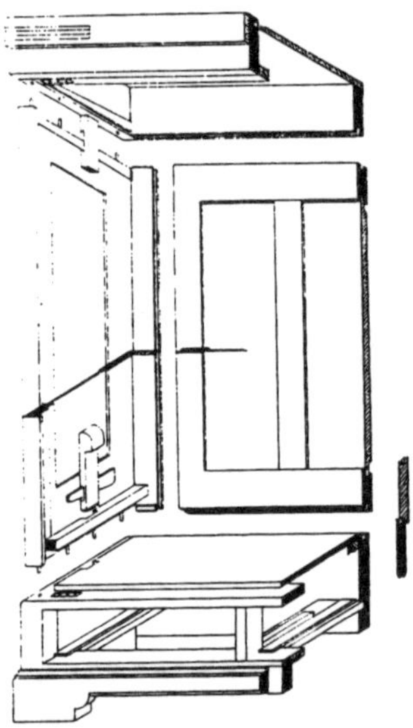

Abb. 153.

Ganze glatte Seiten können bei dieser Bauart nur abgesperrt angewendet werden.

Der letzterwähnte Zusammenbau ist die beste und empfehlenswerteste Bauart im Möbelbau und kann überall angewendet werden.

Mit Abb. 152 und 153 sind weitere Kastenmöbel, Kleider- und Wäscheschränke dargestellt. Abb. 151 ist ein besserer Küchenschrank in Fichtenholz, gestrichen, in Schleiflack oder Natur.

Größere Möbel wie Abb. 153 werden zum Auseinandernehmen angefertigt, so daß z. B. bei einem Schrank, Kranz, Sockel, Seiten-, Rückwand und Türen für sich und nur mittels Keil, Schließen, Schrauben usw. miteinander verbunden sind.

Der Abschluß einzelner Möbelabteilungen oder ganzer Kastenmöbel erfolgt durch Türen, Klappen, Deckel, Jalousien usw.

Unter Türen versteht man im allgemeinen eine senkrechte, um eine senkrechte Achse seitwärts drehbare Abschlußplatte oder einen aufwärts, abwärts sowie seitwärts verschiebbaren Abschluß einer Öffnung.

Als Klappe bezeichnet man den senkrechten, schrägen und waagrechten um eine waagerechte Achse drehbaren Abschluß (Abb. 162—165).

Deckel nennt man eine, um eine einseitige waagerechte Achse drehbare, waagrecht liegende Platte, welche auch nicht drehbar, nur lose aufliegen kann.

Ist an einem Möbel kein Platz für eine drehbare Tür vorhanden, so müssen zwei oder mehr Schiebetüren oder aber Jalousien angebracht werden.

Zu große Türen anzuwenden ist wegen der einseitigen Belastung in Bändern nicht zu empfehlen, sondern dann die Anwendung mehrerer Türen oder Schiebetüren.

Mit Abb. 154—165 sind verschiedene Verschluß- und Anschlagarten von Türen dargetan.

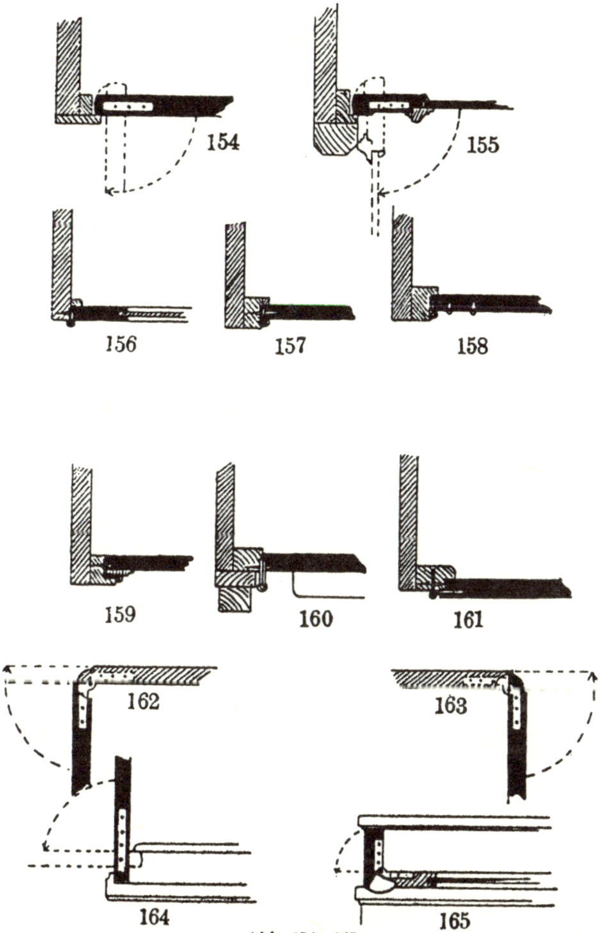

Abb. 154—165.

2. Bauarbeiten.

a) Fußböden.

Bei der Herstellung von Fußböden ist vor allem darauf zu achten, daß dieselben eben bleiben, gut dicht gelegt werden und leicht gereinigt werden können.

Es muß daher ein besonders gutes, geeignetes und trockenes Holz verwendet werden, damit keine Fugen für Staub und Schmutz zu sammeln entstehen, auch muß die Bodenausfüllung sehr trocken sein, daß nicht die Bretter quellen und dadurch der Boden sich hebt und wellig wird.

Man unterscheidet: rauhe Dielenfußböden,
gehobelte Dielenfußböden,
Tafelfußböden,
Riemenböden,
Fischgratfußböden,
Parkettfußböden.

Um einen gut waagrecht liegenden Fußboden zu erhalten, muß auch das Lagergebälk nach allen Seiten hin gut gleich hoch sein.

Je nach Stärke der Bretter können die Lagerbalken mehr oder weniger voneinander entfernt sein.

Die Bodenfüllung kann Koksasche, trockener Kies oder Sand sein und muß gut unter den Bodenbelag unterstopft werden.

Bei den rauhen Dielenböden für Schuppen, Speicher, Dachböden usw. werden die Bretter in der Breite von 20—25 cm stumpf oder überfälzt aneinandergekeilt und festgenagelt.

Zu gehobelten Dielenfußböden werden die Bretter stumpf (Abb. 166), überfälzt (Abb. 167), gespundet (Abb. 168) oder gefedert (Abb. 169) auf die Lagerbalken aufgenagelt, Kernseite nach oben.

Die Nagelung muß längs den Lagerbalken entlang in gerader Linie erfolgen.

Bei gespundeten oder gefederten Fußböden kann die Nagelung auch vorsichtig in der Nut vorgenommen werden, wodurch an der Oberfläche dann kein Nagelloch sichtbar wird (Abb. 167—169).

Die sichtbaren Nagellöcher müssen ausgekittet werden.

Zu Tafelfußböden werden zwei bis drei Dielen oder Bretter aneinandergeleimt und dann aufgenagelt.

Ist ein Zimmer länger, als die Bretter lang sind, so müssen dieselben an den Hirnenden angesetzt werden, was aber immer unschön sein wird.

Um dieses zu verhüten, legt man um die vier Wände oder vielmehr um die vier Seiten einen Fries (Abb. 170) oder mitten durchs Zimmer quer zum Bodenbelag einen solchen ziemlich breit.

Die R i e m e n b ö d e n können geradlinig (Abb. 171) oder in wechselweisen Stößen gelegt werden, in Riemen von 10—15 cm Breite und 3—3½ cm Dicke. Dieselben werden wie bei den vorerwähnten Böden gespundet oder gefedert auf die Lagerhölzer genagelt.

Alle Fußböden müssen in einem Abstand von 1—2 cm von den Wänden entfernt gelegt sein, wodurch ein Spalt entsteht, welcher aber dann wieder durch die sogenannte Fußbodenleiste verdeckt wird.

Der Fischgratboden (Abb. 172), welcher aber einen Blindboden als Unterlage erfordert, ist aus 48—68 cm langen, 8—12 cm breiten und 2—2½ cm dicken Riemen aus Eichenholz fischgratartig zusam-

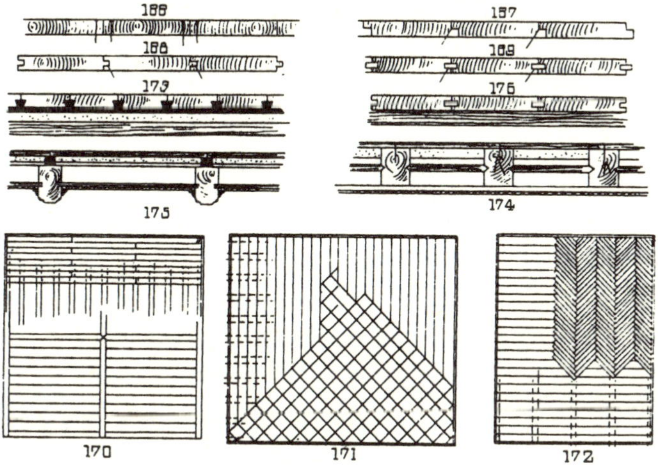

Abb. 166—176.

mengesetzt, und zwar so, daß die Verbindungsseiten gespundet oder gefedert und in den Nuten auf den Blindboden aufgenagelt oder geschraubt werden.

Beim Legen dieses Bodens wird in einer Zimmerecke begonnen und bahnenweise weitergefahren.

Bei Parkettfußböden (Abb. 171) hingegen muß das Zimmer vorher eingeteilt und mit dem Legen in der Mitte desselben begonnen werden. Die Verbindungsart ist dieselbe wie bei den Fischgratböden.

Zu reicheren Parkettfußböden werden die einzelnen Quadrate in der Werkstatt schon zusammengesetzt und verleimt.

Bei allen Fußböden müssen nach dem Legen noch die sämtlichen Fugen gleich verputzt und geschliffen werden.

Am besten eignet sich für Fußbodenriemen Holz mit aufrecht stehenden Jahresringen, da im anderen Falle das Holz sich leicht schält und splittert.

Direkt auf die Erde oder über feuchte Räume dürfen keine Holzfußböden gelegt werden, da sonst Fäulnis und Schwamm in kurzer Zeit dieselben zerstören würden. In diesen Fällen muß der Holzboden entweder in Asphalt (Abb. 173) oder auf einen 8—10 cm starken Zementbelag gelegt werden (Abb. 176) oder unten einen ca. 5 cm gut ventilierten Luftraum haben (Abb. 174 und 175).

Die Holzarten, welche zu Fußböden verwendet werden, sind: Tannen, Kiefern, Pitch pine, Yello pine, Eichen, Nußbaum, Mahagoni, Ahorn, Palisander, Amarant und Ebenholz.

Zum Schutze des Holzes werden die Böden mit Öl oder Firnis getränkt, vielfach auch mit Farbe gestrichen.

Parkettböden werden nach ihrer Fertigstellung abgeputzt, gewachst und gewichst.

b) Wandvertäfelungen.

Die Wandvertäfelungen haben den Zweck, die Wände vor Beschädigungen zu hüten, die Kälte der Mauerwände abzuhalten und zur Verschönerung der Zimmer beizutragen.

Auch zur Verschalung von unschönen Säulen, Balken usw. werden Vertäfelungen angewendet.

Die Wandverkleidungen können niedriger oder höher wie Mannesgröße sein und richten sich in dieser Hinsicht ganz nach dem Zweck, für den dieselben bestimmt sind.

Die Vertäfelungen bestehen größtenteils aus Brettern oder Sperrholzplatten, welch erstere entweder stumpf gefügt, gespundet oder gefedert oder zu Rahmenwerk mit Füllungen zusammengestellt an der Wand mit Nägeln, Schrauben, Eisen usw. befestigt werden.

Bei gleichmäßig trockenen Räumen können die Hölzer fest und dicht miteinander verbunden werden.

Größtenteils ist aber das letztere nicht der Fall, und sind die Wände durch Witterungseinfluß einem Temperaturwechsel unterworfen, weshalb das Holz so verbunden sein muß, daß es arbeiten, trocknen und sich ausdehnen kann.

Aus diesem Grunde ist auch zu empfehlen, nur schmälere Bretter oder Sperrholzplatten zu verwenden.

Da größtenteils die Wände feucht sind, so sollen Wandverkleidungen immer einen kleinen Abstand von der Wand haben, damit die Luft durchziehen kann.

Auch sollen feuchte Wände besonders noch mit einer Isolierschicht von Teerpappe (Kosmos) oder ähnlichem überspannt werden.

Die in einem solchen Falle direkt auf die feuchte Wand aufgesetzten Holzdübel und Leisten müssen, um vor Fäulnis geschützt zu sein, imprägniert werden.

Die einfachste Vertäfelung ist aus Riemen gespundet oder gefedert, oben mit einer Zierleiste und unten mit einem Sockel versehen (Abb. 177).

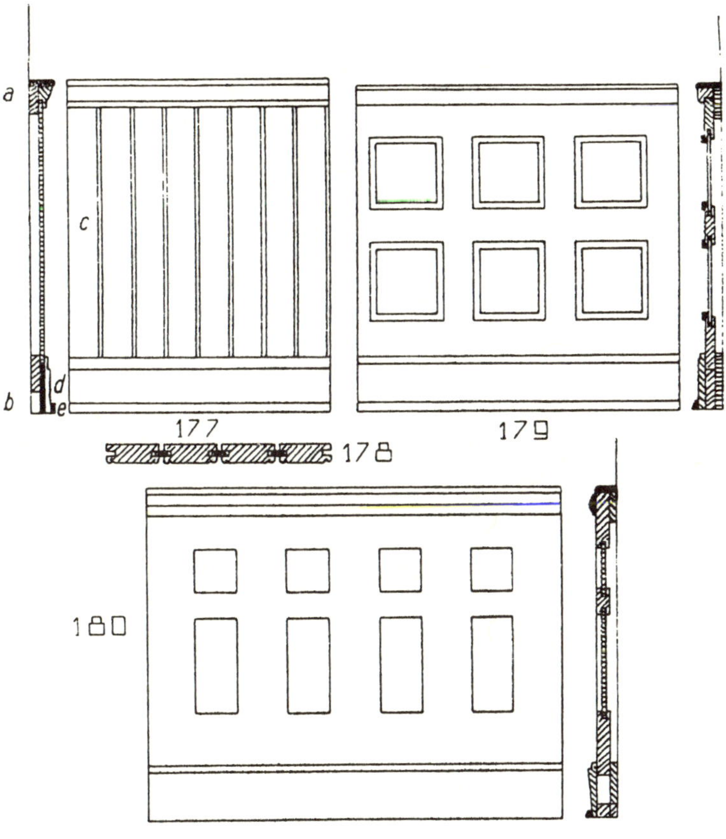

Abb. 177—180.

Die unter Abb. 178 gezeigte Zusammensetzung der Riemen ist die beste, da in diesem Falle dieselben nachtrocknen und sich ausdehnen können, ohne Schaden anzurichten und offene Fugen zu zeigen.

Bei der Ausführung von Abb. 177 wird zuerst die Gesimsleiste a, dann der Sockel b an der Wand befestigt.

Sind an den Wänden keine Balken zum Befestigen der Leisten, so müssen Holzdübel hierfür eingegipst werden.

In die Leiste a werden alsdann die Riemen c eingesteckt und in den Falz des Blindsockels gestellt. Sind alle Riemen zusammengesteckt, so wird der Profilsockel d daruntergepaßt und angenagelt oder geschraubt.

Die Riemen selbst dürfen nicht festgenagelt werden.

Als Abschluß am Boden kann noch ein Gesimsstab (Fußleiste) angenagelt werden.

Eine andere Art von Wandbekleidung wird aus Rahmenwerk und Füllungen hergestellt.

Die Herstellung solcher Vertäfelungen, wie Abb. 179 und 180 zeigen, erfolgt in der Weise, daß in kleinen Rahmen dieselben in der

Abb. 181.

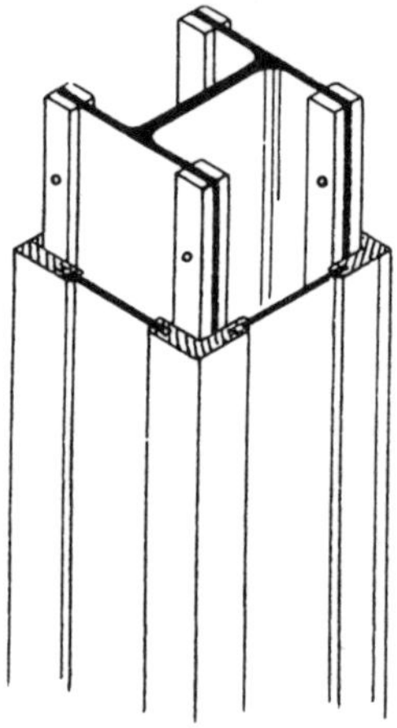

Abb. 182.

Werkstatt fertiggestellt werden, welche dann im Bau leicht zusammengepaßt werden können.

Die Stoßfugen der Rahmen können noch durch Profilleisten und andere Verzierungen bedeckt werden.

Bei der Ausführung von solchen Füllungsvertäfelungen ist besonders zu beachten, daß die Füllungen nicht zu groß angewendet werden.

Eine ganz neue Wendung bringt die sehr vollkommene Herstellung von großen Sperrholzplatten, die nun in allen Größen zu Füllungen, Wänden und Decken verwendet werden.

Sind eiserne Träger oder Säulen zu bekleiden, so müssen aus Leisten, wie Abb. 181 zeigt, besondere Gestelle angefertigt oder, wie Abb. 182 zeigt, Leisten direkt an das Eisen angeschraubt werden.

An diesen Gestellen können dann erst, wie mit Abb. 182 dargetan, die eigentlichen Verschalungen angebracht werden.

c) Holzdeckenbekleidungen.

Die Bekleidung der Decken dient zur Verschönerung und kann verschiedener Art sein.

Es können Balken oder dazwischenliegende Felder mit Holz verkleidet werden oder aber beide zusammen.

Hervorstehende Balken werden mit Profilbrettern und Gesimsstäben verkleidet. Letztere können stumpf an die Wände anschließen (Abb. 183) oder verkröpft daran weiterlaufen (Abb. 184).

Die Balken können auf Konsolen liegen oder solche nur markiert haben.

Es werden ganze Decken mit gespundeten oder gefederten Stabriemen angefertigt oder Stabriemen zwischen den Balken angebracht (Abb. 185).

Die ersteren, glatten Decken werden manchmal aus dekorativen Gründen zum Schein noch mit aus Brettern hergestellten hohlen Balken in beliebiger Größe und Einteilung versehen, welche mehr oder weniger mit Profilleisten und dergleichen verziert und weiter ausgestaltet werden können.

Solche Decken können in beliebigen, verschiedenen Zusammenstellungen ausgeführt werden.

Reichere und größere Decken werden in der Werkstatt zerlegbar angefertigt und dann stückweise an die Decken montiert und befestigt.

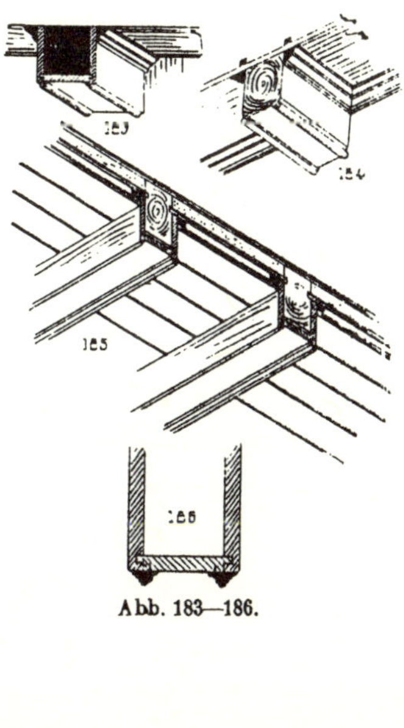

Abb. 183—186.

Die einzelnen Teile werden mit Schließen, Schrauben, Keilen usw. zusammengehalten.

Der Zusammenbau der Decken muß so erfolgen, daß das Holz ungehindert nachtrocknen kann und die entstehenden Fugen doch unsichtbar bleiben. Der Profilstab bei Abb. 186 darf daher nur an einer Seite befestigt werden.

Die Befestigung der Decken ist von großer Wichtigkeit.

Dieselbe kann an eisernen Trägern angehängt werden, oder es werden an eine vorher aufgeschraubte Blinddecke die einzelnen Teile mittels Eisen, Winkel und Schrauben befestigt.

d) Türen und Tore.

Die Türen und Tore sollen den Durchgang gestatten und einen guten Verschluß gewähren.

Die Türen dienen für den Verkehr der Fußgänger, während Tore für Wagenverkehr und zur Beförderung von Gegenständen angewendet werden.

Man unterscheidet je nach der Zwecknotwendigkeit Türen und Tore mit einem, zwei oder mehreren Flügeln, einfache Türen mit Schlagleisten, durchschlagende Türen und Schiebetüren.

Türen und Tore, welche an feuchten Orten oder im Freien den Unbilden der Witterung ausgesetzt sind, müssen anders zusammengebaut werden wie Zimmertüren, welche verleimt und furniert werden können.

Die Mehrzahl der Türen und Tore drehen sich um eine senkrechte Achse in einem zwischen Mauerwerk und Tür befindlichen Futterrahmen und werden auf ihrer anderen Seite dann mittels Riegel oder Schlösser befestigt. Gewöhnliche Türen und Tore werden ohne Futterrahmen direkt am Mauerwerk angeschlagen.

Die Türfutter oder auch Blindrahmen, welche bei Türen zum besseren und dichteren Abschluß der letzteren angewendet werden, können verschiedener Art sein.

Es gibt glatte (Abb. 188, 194, 195 und 196) und gestemmte Futter (Abb. 189). Erstere werden bei schmalen und letztere bei tiefen Wandungen angewendet.

Diese Futter werden wieder von der sogenannten Türbekleidung (Abb. 189b) umgeben, welche je nach der Zeichnung einfacher oder reicher gestaltet sein kann.

Die Türfutter bestehen in der Regel aus vier Teilen, dem oberen Rahmenstück (Abb. 188a), den beiden Seiten (Abb. 188b) und der Schwelle (Abb. 188c), letztere aus Hartholz. An den Ecken werden diese Teile zusammengezinkt oder gezapft (Abb. 188d) und mit Holznägeln aneinander befestigt.

Die Futter müssen genau im Senkel und Winkel sein und werden am Mauerwerk mittels Bankeisen, Steinschrauben, Muttern oder eingemauerten Holzdübeln befestigt (Abb. 192—196).

Bei Riegelwänden werden dieselben am Pfosten befestigt. Die Türschwelle kann mit dem Boden bindig zu liegen kommen oder über demselben hervorstehen.

Die Futter sind mit einem Falz versehen, der den Türen zum Anschlag und dichteren Verschluß dient.

Die Türen im Bau werden größtenteils mit Fischbändern angeschlagen, damit dieselben ausgehängt werden können.

Türen, welche in Futter gehen und nicht ausgehängt werden können, werden mit Scharnierbändern befestigt, bei welchen aber durch Herausnehmen des Scharnierstiftes ein Wegnehmen oder Lösen derselben auch ermöglicht wird.

Die Tür- und Torgrößen richten sich nach dem Zweck und der Benutzung, sind auch teilweise durch baupolizeiliche Vorschriften bestimmt.

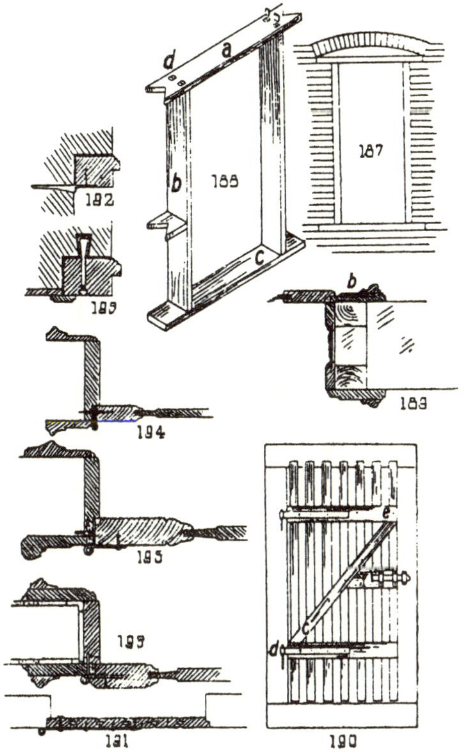

Abb. 187—196.

Normalgrößen sind:

Große Tore	2,50—3,50	m	breit,	3,80	m	hoch,
Haustüren	1,50—2,20	„	„	2,50	„	„
Saaltüren	1,50—2,20	„	„	2,50	„	„
Zimmertüren	1,00—1,20	„	„	2,00—2,20	„	„
Kleinere Türen	0,60—0,90	„	„	1,80—2,00	„	„

Die gewöhnliche Lattentür (Abb. 190) besteht aus rauhen oder gehobelten Latten in einem Abstand von 4—5 cm.

Dieselben sind mit quer aufgenagelten Leisten miteinander verbunden und haben, um ein Verschieben zu verhindern, noch eine schräg aufgenagelte Bugleiste c.

Die Bugleiste muß aber, um ein Senken der Tür zu verhindern, so angebracht werden, daß dieselbe vom untersten Bandbeschlag d schräg nach oben läuft. Diese Art Türen schlagen meistens auf dem Mauerwerk oder auf einem daran angebrachten Holzrahmen auf.

Die Bänder werden an den Querleisten e, das Schloß oder der Riegel an einer in der Mitte bis zum Bug gehenden Querleiste f angebracht.

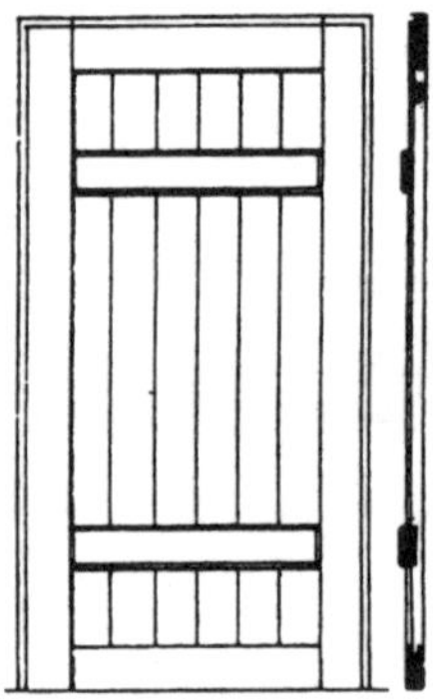

Abb. 197.

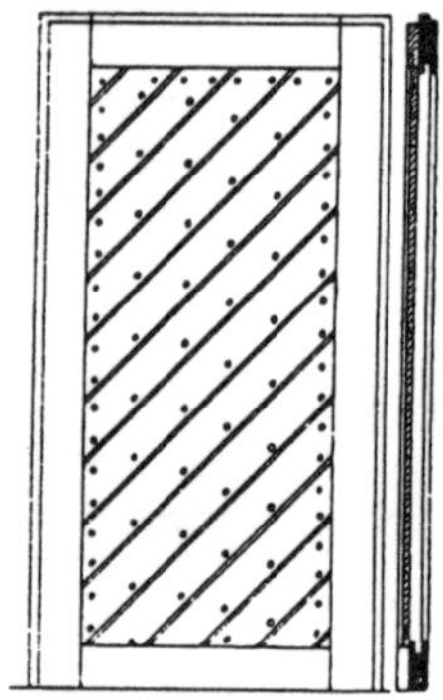

Abb. 198.

Diese Art Türen wird für Keller, Speicher, Garten usw. angewendet.

Türen aus fest aneinanderliegenden Riemen oder Brettern, welche stumpf gespundet oder gefedert sind (Abb. 191), werden auf gleiche Weise wie die Lattentür miteinander verbunden. Eine Verzierung können diese Türen dadurch erfahren, daß an den Fugen Fasen, Rundstäbe usw. angehobelt werden.

Die letztgenannte Tür kann auch verleimt werden, wodurch die offenen Fugen dann wegfallen. Um durch Trocknen und Quellen der Tür eine Bewegung zu ermöglichen, werden statt genagelten, eingeschobene Gratleisten angewendet (Abb. 197).

Eine weitere einfache Tür ist die verdoppelte Tür (Abb. 198). Dieselbe besteht aus zwei einfachen Türen, welche fest aufeinandergeschraubt oder genagelt werden.

Diese Tür kann auch (Abb. 199) zusammengespundet sein, auf deren Außenseite dann als Verdoppelung beliebige Formen noch aufgenagelt oder aufgeschraubt werden.

Solche Türen werden für Stall, Keller, Waschküchen und da angewendet, wo beide Seiten verschiedenen Temperaturen ausgesetzt sind.

Abb. 199.

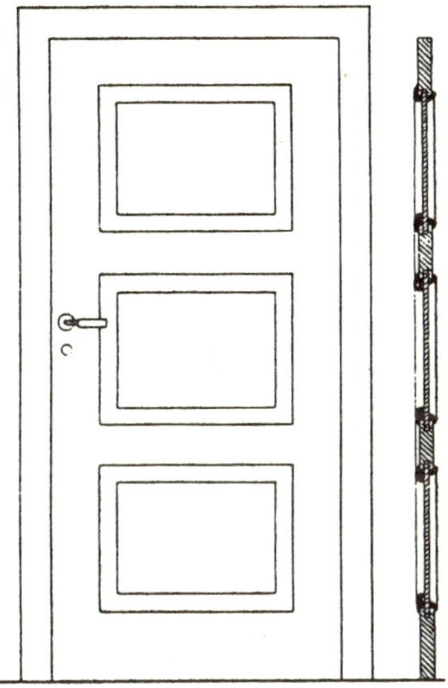

Abb. 200.

Auch schlagen dieselben in einen Falz des Stein- oder Holzgewändes. Die Befestigung erfolgt mittels langen Bändern und Kloben, der Verschluß mittels Kastenschloß oder Riegel mit Hängeschloß.

Verdoppelte Türen werden auch zu Haustüren benutzt, und zwar werden in diesem Falle zwei fest verbundene gestemmte Türen aufeinandergeschraubt. Die Türen brauchen nur an ihrem Rahmenwerk aufeinander zu liegen kommen, zwischen den Füllungen kann Luft sein.

Es kann auch eine Tür in der Weise hergestellt werden, daß die Füllung auf der einen Seite mit dem Rahmenholz bindig ist.

Die andere Tür wird nur aus einem Rahmen zusammengestemmt und auf die erstere dann aufgeschraubt. Die anzuwendenden Füllungen werden nun in die entstandenen Felder eingepaßt und eingeschraubt.

Bei letzterem ist auf eine geschmackvolle Anordnung der Schrauben zu achten.

Diese Türen können an Steingewänden und Blindrahmen mit oder ohne Oberlicht angeschlagen werden mit langen Zierbändern oder mit Fischbändern. Die einfach stumpf zusammengestemmte Tür mit zwei oder mehr Füllungen dient zum Abschluß von Mansardenwohnungen usw.

Bei auf Gehrung zusammengestemmten Türen, wie Zimmertüren usw., mit zwei oder mehr abgeplatteten Füllungen ist zu beachten, daß die Füllungen nicht zu groß und breit genommen werden. Diese Art von

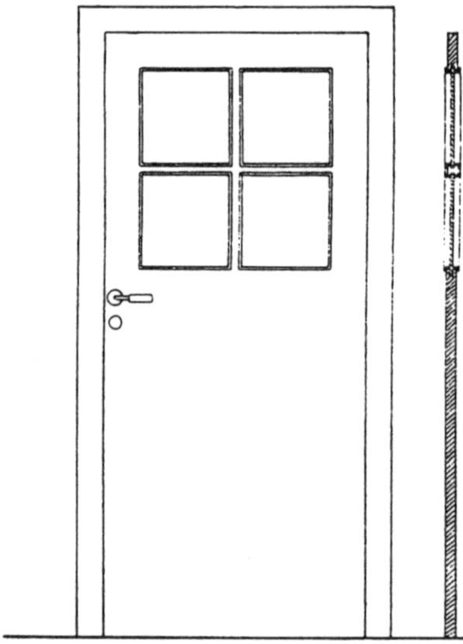

Abb. 201.

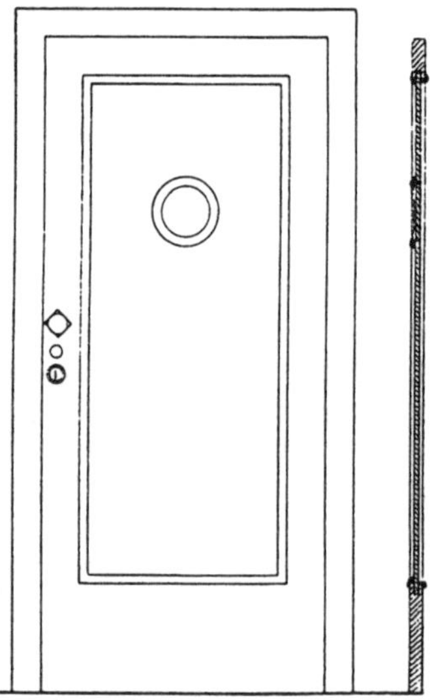

Abb. 202.

Türen wird mit Maschinen gewöhnlich in der Weise auf Hobel zusammengestemmt, daß das Profil umgekehrt an die Hirnenden des Zapfenstückes geschlagen wird (Abb. 200).

Von vorgenannten Türen finden hauptsächlich bei reicherer Ausführung auch solche da Anwendung, wo die Profilstäbe eingesetzt werden (Abb. 201 und 202).

Es werden zeichnerisch unter Abb. 197—204 verschiedene Arten von Türen dargestellt.

Durch die neuzeitlich technisch vollkommene Herstellung großer Flächen und Platten aus Sperrholz werden solche zu Türfüllungen unbedenklich in allen Größen anstandslos verwendet.

Ganz glatte Türen (Abb. 203/204) und auch Wände werden aus Sperrholzplatten hergestellt.

Bei Sperrholztüren werden zwischen den äußeren Türrahmen in kleinen Abständen senkrecht oder waagrecht Latten eingefügt und dann beide

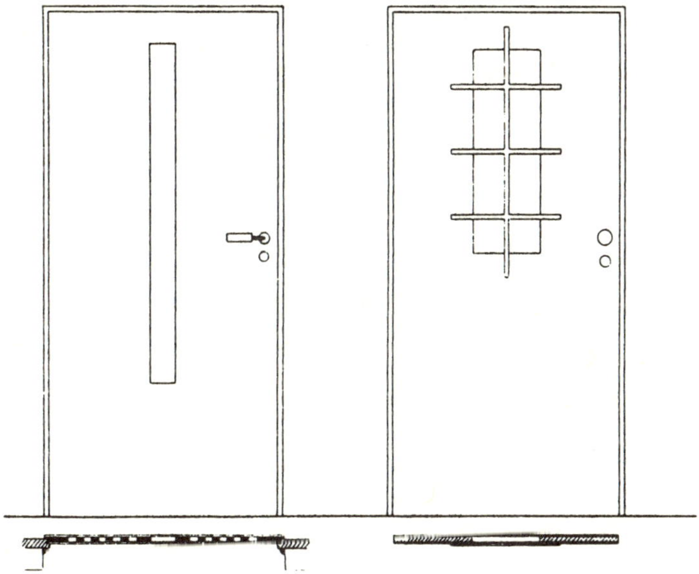

Abb. 203. Abb. 204.

Seiten dieses Rostes mit Furnierplatten überzogen. Durch den äußeren Rahmen muß nun noch oben und unten, senkrecht, oder auf beiden Seiten waagrecht, je ein Loch gebohrt werden, so, daß die Luft durch die Lattenzwischenräume ziehen kann und dadurch eine Veränderung der Furnierplatten verhindert wird.

Die Tore bestehen meistens aus zwei Flügeln. Bei größeren Toren, wie Scheuertoren, wird oft noch an einem der Flügel ein kleinerer Flügel angebracht.

Bei allen Toren muß in der Bauart für eine gute Verstrebung gesorgt werden, da sich sonst dieselben durch das schwere Gewicht senken.

Man unterscheidet Tore aus Latten, Riemen oder Brettern und solche in reicherer Ausführung für Einfahrten an Wohnhäusern und Villen.

Das Rahmenwerk der ersteren besteht aus zusammengestemmten und gezinkten Rahmenschenkeln, welche auf einer oder beiden Seiten mit Latten, Riemen oder Brettern, die gefälzt, gespundet oder gefedert nebeneinander aufgenagelt oder geschraubt werden, bedeckt sind.

Bei einer anderen Art werden die Rahmenstücke gefälzt, in dieselben die Riemen eingelegt und mit Füllungsleisten darin befestigt.

Bei sehr schweren Toren muß die erstere Art angewendet werden, da die aufgenagelten Riemen mitstützen müssen.

Bei größeren Toren ist, wenn es der Platz erlaubt, zu empfehlen, dieselben als Schiebetüren auf Rollen auszuführen.

Die Schiebetüren sind entweder auf Rollen stehend oder an Rollen hängend laufend und werden beim Öffnen der Türen seitwärts in Mauerschlitze oder an der Mauerwand entlang geschoben.

Der Bau der Pendeltüren ist derselbe wie der übrigen Türen.

Der Anschlag fehlt hier, weil die Tür nach zwei Seiten sich drehen muß. Ein sehr zweckmäßiger Türanschlag ist der Patent-Pendeltürbeschlag.

e) Treppen.

1. Anlage.
2. Zweck.
3. Zusammenbau der Treppen.

1. Anlage.

Die Anlage der Treppen in einem Gebäude hängt gewöhnlich nicht von der Willkür des Schreiners ab, sondern wird durch den Baumeister angeordnet, welch letzterer schon bei der Einteilung des Gebäudes die gehörige Rücksicht darauf zu nehmen hat.

Es fügt sich aber sehr oft, daß man, besonders in Städten, wo die Plätze kostbar sind, mit einem ziemlich beschränkten Raume zufrieden sein muß; daher sich auch bei der Anlage von Treppen verschiedene Hindernisse ergeben, welch letztere sich mehr oder weniger leicht beseitigen lassen.

Verschiedene Arten von Treppen.

Es gibt Haupt- und Nebentreppen. Die ersteren befinden sich am Haupteingange in einem Gebäude und führen zu den verschiedenen Stockwerken desselben. Die letzteren dagegen sind für gewisse Personen und zu gewissen Absichten bestimmt. Außerhalb des Gebäudes legt man auch Freitreppen an, welch letztere in den meisten Fällen aus Gestein oder Eisen hergestellt werden, da diese letztgenannten Werkstoffe der Einwirkung der Witterung mehr geneigt sind, standzuhalten als Holz.

2. Eigenschaft und Zweck der Treppe.

Die vorzüglichsten Eigenschaften, die eine Treppe haben soll, bestehen in der Bequemlichkeit und Sicherheit im Auf- und Absteigen derselben.

Diese beiden Eigenschaften werden am sichersten erlangt, wenn die Treppen nach einer geraden Richtung fortlaufen und die Stufen bei ein und derselben Länge eine unseren Tritten angemessene Höhe und Breite haben. Wesentlich erleichtert wird das Besteigen einer Treppe auch dadurch, daß an verschiedenen Stellen sogenannte Ruheplätze (Podeste) angebracht werden. Diese Absätze, welche des öfteren auch mit Sitzgelegenheiten, Bänken, Hockern usw. ausgestattet sind, werden in der Regel nur an geradläufigen Treppen angebracht; bei den ganzen Wendeltreppen, sogenannten Schneckenstiegen, kommen dieselben jedoch in Wegfall.

Ein kleiner angelegter Absatz erfüllt seinen Zweck nicht mehr und soll bei der Aufstellung einer Treppe tunlichst vermieden werden. Hier ist es jedoch zweckdienlicher, einen etwaig zu gewinnenden Platz zur besseren Ausnützung des Steigungsverhältnisses zu benützen. Weiter werden auch an den Treppen Geländer, sogenannte Sprossenverschalungen, angebracht, welch letztere nicht nur das Aufsteigen (Begehen) einer Treppe wesentlich erleichtern, sondern hauptsächlich auch zur Verhütung von Unglücksfällen als Sicherheitsgeländer dienen.

3. Aufbau.

In bezug auf den Auf- und Zusammenbau sei hier auf drei Punkte hingewiesen:

a) Aufriß der Treppe,
b) Austragung der Wangen und Krümmlinge bei Wendeltreppen,
c) richtiges Einreißen der Setzstufen in die Wangen und Krümmlinge.

Bevor nun an den eigentlichen Aufriß gegangen werden kann, sei empfehlenswert, sich einen sogenannten Schnürboden aus ungehobelten Brettern anzulegen, um auf demselben das Aufschnüren des Grund- und Aufrisses vornehmen zu können. Hierbei sei jedoch bemerkt, daß das genaue Treppenhausmaß berücksichtigt wird, damit eventuell später beim

Aufstellen der Treppe keine Schwierigkeiten entstehen. Nachdem nun der Aufriß gemacht ist, kann zum Zuschneiden übergegangen werden.

Der Zusammenbau ist bei allen Treppen ein und derselbe; nur unterscheidet man bei diesen drei Arten, nämlich aufgesattelte, auf Grat eingeschobene und gestemmte Treppen.

Die aufgesattelte Treppe.

Die aufgesattelte Treppe, welche sich von den übrigen gestemmten Wangentreppen nur durch ihren Zusammenbau unterscheidet, ist wohl unter diesen unstreitig schöner und eleganter, aber auch kostspieliger als die gestemmte Wangentreppe. Daher wird dieselbe wohl am wenigsten zur Ausführung gelangen. Abb. 205 zeigt die Bauart einer aufgesattelten Treppe. Die Holzstärken dieser Treppe sind die gleichen wie bei der gestemmten Treppe. Unterhalb den Trittstufen a befindet sich die mittlere Zarge, welche eine Stärke von 7—10 cm hat und treppenförmig ausgeklingt ist. Die Lauftritte (Stufen) sind auf die Zargen aufgeschraubt (b), was wesentlich rascher vor sich geht als das Einstemmen in die Seitenwangen.

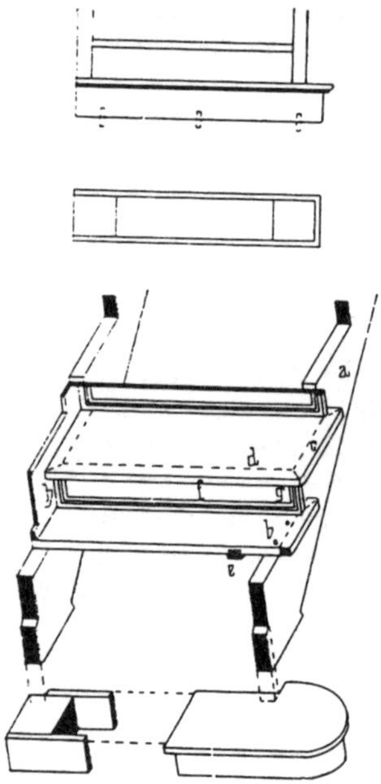

Abb. 205.

Um nun das Hirnholz der Auftritte nicht sichtbar zu belassen, setzt man in den meisten Fällen eine sogenannte Hirnleiste c, welche 5—6 cm breit sein soll, an, man kann auch das Profil (Stab) um diese Kante gehen lassen. Es hat dies den Vorteil, daß der Auftritt sich weniger werfen oder verziehen kann. Es kann aber auch diese Hirnleiste ganz in Wegfall kommen und statt dieser das etwaige Profil über Hirn des Auftrittes gekehlt werden, welch letzteres den Vorteil hat, daß die Fuge d zwischen Auftritt und Hirnleiste, wie bei ersteren im Falle eines Schwindens dieser, in Wegfall kommt. Damit sich nun der Auftritt nach keiner Seite hin verziehen kann, legt man unter diesen eine sogenannte Einschubleiste e, 4—5 cm breit, welche auf Grat eingeschoben wird. Diese Bauart ist einfacher und haltbarer und soweit den übrigen vorzuziehen.

Der Futterstufen f dagegen kann auf alle Fälle, um das Holz nicht sichtbar zu belassen, auf Gehrung bearbeitet, das Profil, welches den Futterstufen an seiner vorderen Seite ziert, auch über seine Stirnseite g herübergekröpft werden.

Anders dagegen gestaltet sich die Befestigung der oberen Zargenenden an den Podestbalken. Die übrigen Treppenwangen werden mittels dem sogenannten Klauenzapfen an den Podestbalken oder Stollen eingestemmt; dagegen bei den aufgesattelten Zargen können dieselben nur stumpf an dem Podestbalken befestigt werden, welch letzterer die doppelte Balkenstärke besitzen muß. An der Wandseite werden breitere Leisten angebracht, welche zugleich als Zier- und Scheuerleiste dienen (h).

Die eingeschobene Treppe.

Die eingeschobene oder durchgezapfte Treppe (Abb. 206) ist ihrer Einfachheit halber meistens zu untergeordneten Zwecken bestimmt.

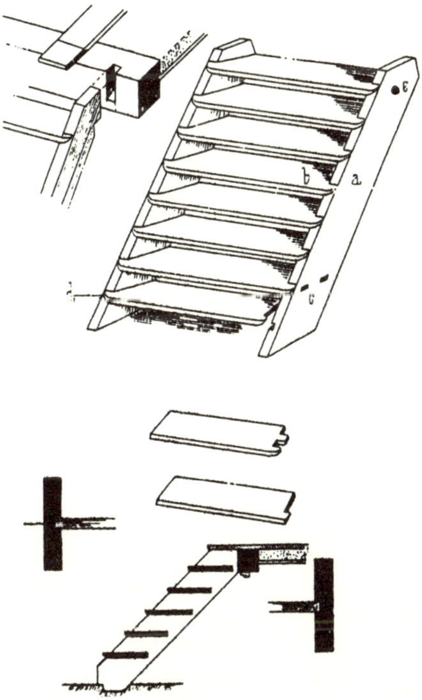

Abb. 206.

Dieselbe ist auf Grund ihrer einfachen Bauart weniger haltbar und daher größtenteils zu Keller- oder Speichertreppen vorgesehen. Die Zargen oder Seitenwangen a haben eine Stärke von 4—6 cm und eine durchschnittliche Breite von 26—30 cm. In diese Seitenwangen werden die Trittstufen b, welche 4—5 cm stark sind, auf Grat eingeschoben und nach vorn an den seitlichen Hirnseiten so ausgeschnitten bzw. ausgeklingt, daß die Vorderkante der Trittstufen über die Wangenstärke sich überträgt (d). Um nun dieser Treppe die nötige Festigkeit zu verschaffen, werden die Antritt-, auch Mittel- und Austrittstufen vermittels eines oder zweier Zapfen durch die Seitenwangen gestemmt und von außen verkeilt (c). Auch kann an Stelle dieser durchgehenden Zapfen eine 15 mm starke Mutterschraube waagrecht angebracht werden, welche an der einen äußeren Seitenwange zum Zusammenschrauben eingerichtet wird, eventuell können auch mehrere solcher Schrauben wie unten in der Mitte und oben angebracht werden (e).

Diese Treppen sind bezüglich ihres Besteigens, zumal dieselben gewöhnlich keine Futterstufen besitzen, unbequem, da man beim Aufsteigen derselben stets in die Tiefe sieht.

Die gestemmte Treppe.

Die gestemmte Treppe (Abb. 207), auch Wangentreppe genannt, ist die gebräuchlichste Wohnhaustreppe. Dieselbe hat Wangen, Satz- und Futterstufen. Die Stärke der Mauerwangen a beträgt in der Regel 4½—6 cm, die der Öffnungs- oder freitragenden Wange dagegen 6—8 cm (b). Empfehlenswert ist jedoch, die Öffnungs-Wange stets 7—8 cm stark zu belassen, da letztere fortwährend stark belastet ist. Auch kann eventuell die Öffnungs-Wange unterfangen, d. h. es können Träger oder Stützbalken aus Holz oder Eisen an derselben unterschoben werden.

In Abb. 207 ist eine zweiarmige gestemmte Wangentreppe gezeigt mit einem Absatz, dem sogenannten Ruheplatz c. In Abb. 208 ist der Grundriß, in Abb. 207 der Höhenschnitt dargelegt. Der Podest c, welcher aus in Nut und Feder zusammengeankerten Riemen besteht, hat die vorgeschriebene Größe. Die Seitenwange b ist durch den Klauenzapfen in den Podestbalken eingestemmt. Die Mauerwangen a können gegenseitig ausgeschnitten bzw. ausgeklingt und zusammengeschoben werden. An der vorderen Kante des Setzstufens ist der Kehlstoß angebracht (d). Unter diesem befindet sich die Nute für den Futterstufen. In e ist der Futterstufen durch eine angehobelte Feder in den Setzstufen geschoben, während dieser am unteren Setzstufen in den

Falz zu liegen kommt. Um nun das Herausschieben zu verhindern, wird derselbe von hinten am unteren Setzstufen gegen diesen festgenagelt. Wird der Futterstufen nun so, wie e zeigt, hergestellt, daß derselbe an seiner unteren Seite in den Setzstufenfalz zu liegen kommt,

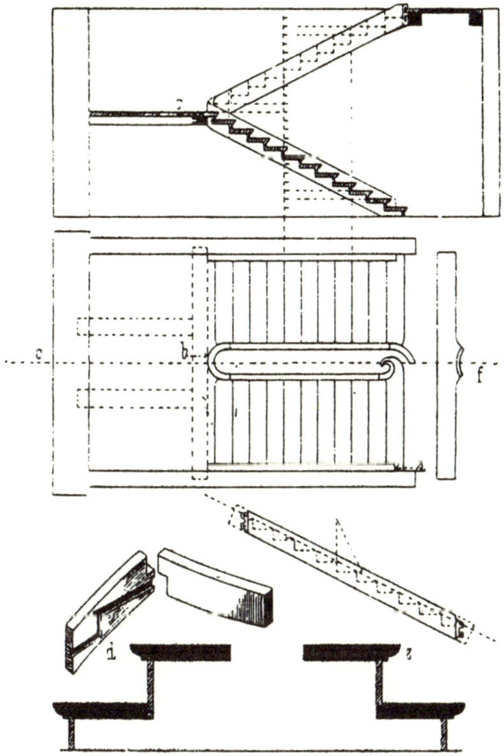

Abb. 207.

Abb. 208.

Abb. 207 und 208.

so ist dadurch ein etwaiges Ächzen, Knarren usw. beim Begehen dieser Treppe gänzlich ausgeschlossen. Die Herstellung dieses Futterstufens wird vom Schreiner und anderen Fachleuten anderen Bauarten gegenüber vorgezogen.

In d ist der Futterstufen ebenso bearbeitet wie in e an seiner oberen Seite. Dagegen unten kommt derselbe nicht in den Setzstufenfalz zu liegen, sondern wird mit den Setzstufen an seiner unteren Kante bündig gehalten und an diesem von hinten festgenagelt. Diese Bearbeitung des Futterstufens ist erfahrungsgemäß nicht zu empfehlen, da derselbe bei einer Treppe, welche mehr oder weniger belastet ist, sich alsbald vom Setzstufen etwas loslöst und so das peinliche Ächzen und Knarren verursacht. In f ist der Antrittstufen, welcher sich an den Podest angliedert, gezeigt.

Die Wendeltreppe.

Die Wendeltreppe, welche nur in beschränkten Räumen zur Aufstellung gelangt, hat meist kreisförmigen oder achteckigen Grundriß.

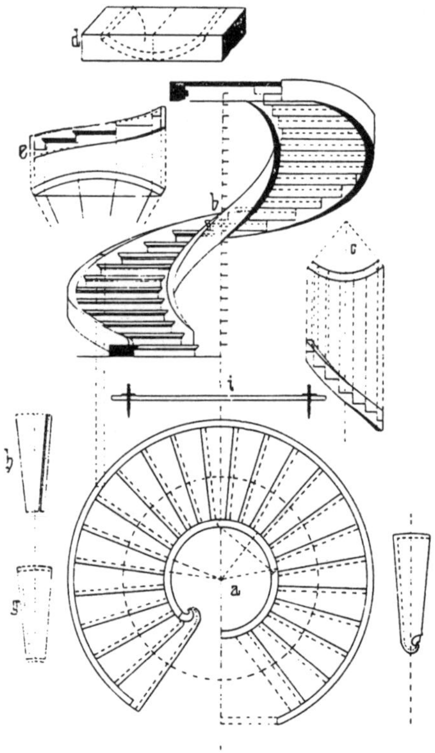

Abb. 209.

Man unterscheidet bei diesen mehrere Arten, wie halbgewundene, ganz gewundene Wendeltreppen. Auch sogenannte Spindeltreppen kommen zur Ausführung, welch letztere runde oder achteckige Spindeln haben können. Bezüglich des Aufbaus ist die Wendeltreppe sehr schwierig auszuführen. Es ist deshalb beim Aufreißen des Grund- und Aufrisses peinliche Rücksicht auf das Treppenhaußmaß zu nehmen, da andernfalls, wenn die Maße nicht auf das genaueste eingehalten werden, das Aufstellen einer solchen Wendeltreppe die größten Schwierigkeiten bereitet, nach Umständen das Aufstellen ganz unmöglich macht. Die Hauptarbeit bei dieser Treppe ist das richtige Austragen der Krümmlinge. In Abb. 209 ist eine Wendeltreppe gezeigt. a ist Grundriß, b Aufriß. Bevor nun an das Aufreißen bzw. Austragen des Krümmlings gegangen werden kann, ist es notwendig, sich vorerst die sogenannte Verstreckungsschablone, das heißt die wahre Größe desjenigen Stückes, nach welchem das Wangenstück oder Krümmling ausgeschnitten wird, anzufertigen. Diese Schablone wird auf die obere und untere Seite des Holzstückes aufgerissen. Dabei ist zu berücksichtigen, daß die Holzlehre (Schablone) beider Seiten oder Flächen sich nach der aus Ansicht entnommenen Lotschmiege gegeneinander verschieben. Alsdann wird die obere und untere Kante des so erhaltenen Wangenstückes abgekantet, so daß in jedem senkrechten Schnitte dieselben waagrecht laufen. Die Radialschnitte bilden auf diese Weise somit Rechtecke. Der Aufriß des Krümmlings c ist aus dem Grundriß a entwickelt. Das Holzstück bzw. die Begrenzungslinien, aus welchen der Krümmling entnommen ist, zeigt d. In e ist das Einstemmen der Setzstufen in den Krümmling gezeigt. In f ist der Antrittstufen gezeigt. In g ist ein Setzstufen mit Profil, in h ein solcher mit Nute für den Futterstufen dargelegt. Die mittlere gewundene Wange schließt sich mit dem Klauenzapfen an den Podestbalken an.

Zu bemerken ist noch, daß der Werkstoff, der zu den Krümmlingen Verwendung findet, vollständig trocken und astrein sein muß. Die Krümmlinge werden da, wo dieselben zusammengefügt sind, entweder mittels doppelter Zapfen oder waagrechter Mutterschrauben geleimt und durch letztere befestigt. In i ist ein Stangenzirkel gezeigt, welcher sehr praktisch für das Aufreißen der Treppe ist.

Geländer.

Die Geländer oder Sprossenverschalungen, wie sie der Schreiner des öfteren nennt, bestehen aus den Traillen (Sprossen) und dem Handgriff. Die Höhe des Geländers ist in der Regel 84—90 cm von der Vorderkante des Setzstufens bis zur Oberkante des Handgriffes. Die Sprossen werden einfach gedreht. Bei besseren Treppen dagegen etwas kanneliert und eventuell mit gestoßener Arbeit versehen. Auch

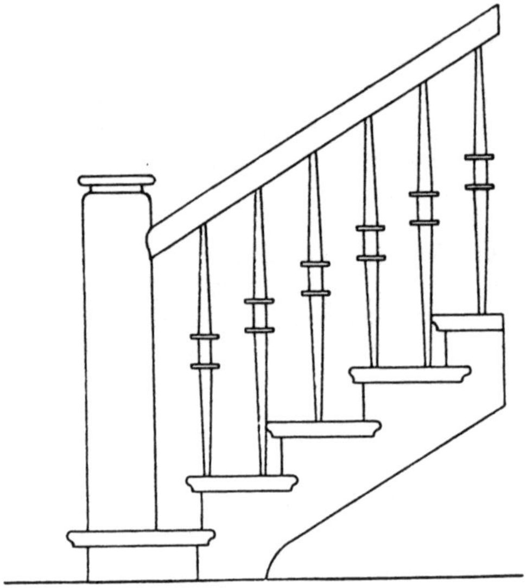

Abb. 210a.

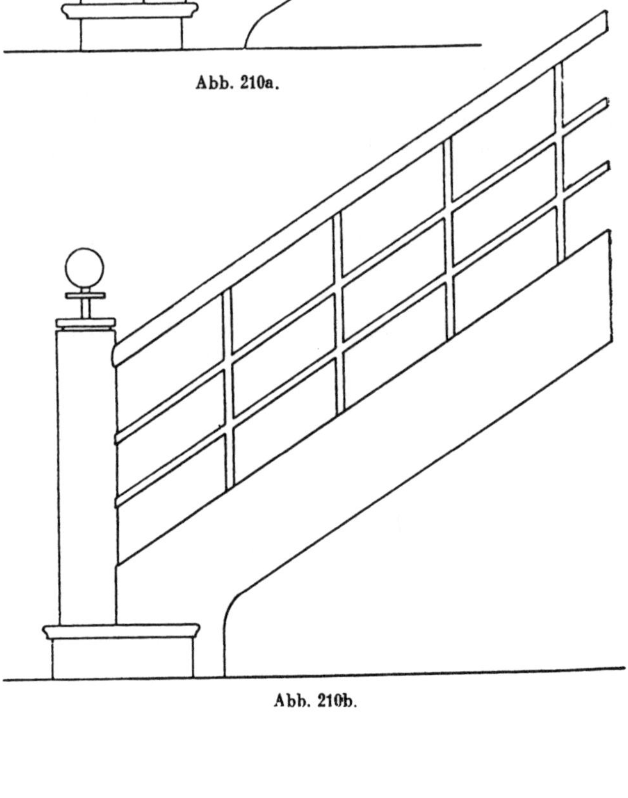

Abb. 210b.

können diese Sprossen durch ausgeschweifte Bretter, welche zusammengefügt sind, ersetzt werden. Die Sprossen werden auf die Mitte des Setzstufens entweder mittels Zapfen oder runden Dübeln eingestemmt oder eingebohrt, ebenso oben am Handgriff.

Der Handgriff, welcher in der Regel 6—10 cm stark ist, wird aus Hartholz hergestellt. An demselben ist vielfach ein Profil angestoßen,

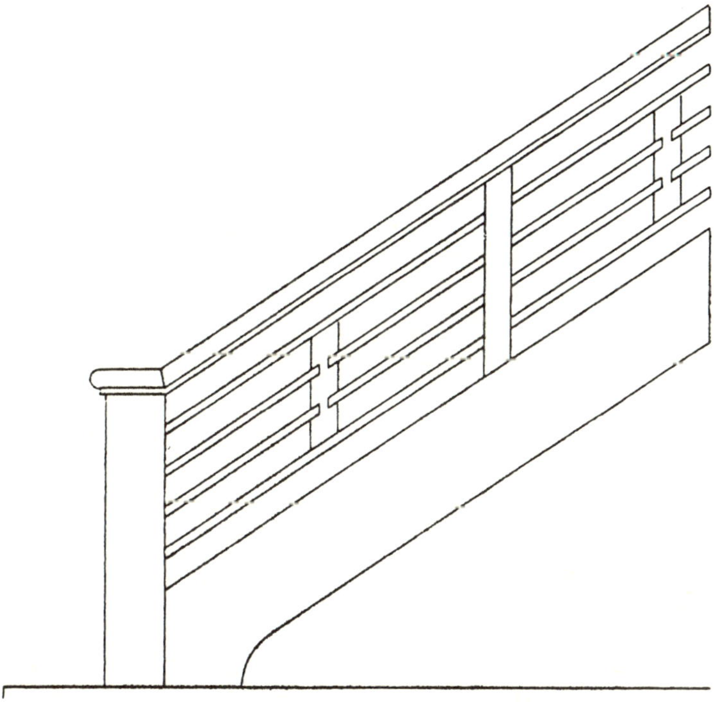

Abb. 211.

welch letzteres ein bequemes Greifen der Hand gestatten muß. Das Treppengeländer gliedert sich an den Stollen oder Treppenpfosten an. Derselbe ist mittels starker Zapfen oder durchgehenden Schrauben an dem Antrittsetzstufen befestigt, eventuell kann derselbe auch zur besseren Befestigung an seinen seitlichen Stirnen mit Flachwinkel eingelassen und somit besser befestigt werden. Die Pfosten können ebenfalls runde

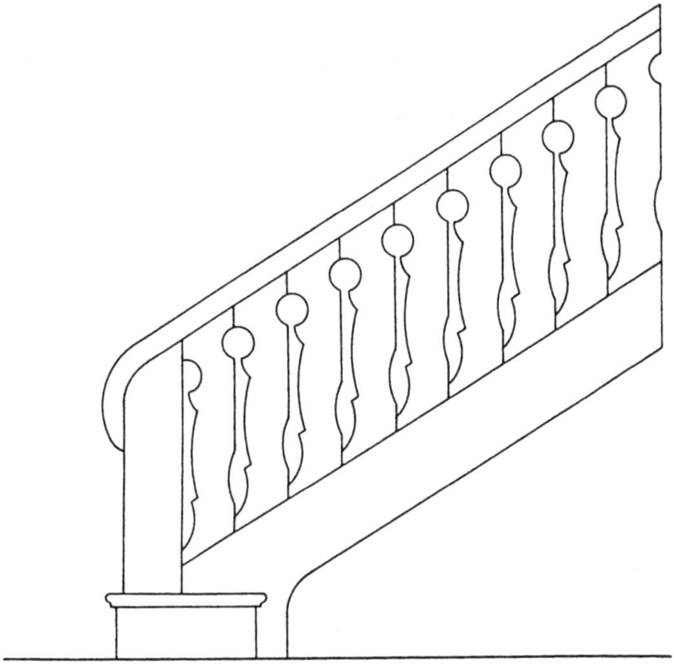

Abb. 212.

Säulen oder vierkantig sein. Dieselben sind auch des öfteren nach oben verjüngt mit Fräsarbeiten, auch oft mit Bildhauerarbeiten, Oramenten usw. verziert. In Abb. 210—212 sind solche Geländer gezeigt.

f) Fenster.

Die Fenster müssen derart gebaut werden, daß dieselben jeder Witterung, der sie ausgesetzt sind, standhalten. Bei schlecht schließenden Fenstern kommt es vor, daß Regen usw. in die Räume dringt und so den Aufenthalt in denselben unfreundlich macht. Außerdem sind sämtliche Rahmenhölzer schmal, das heißt weniger breit zu belassen, damit ziemlich viel Licht und Luft in die zu bewohnenden Räume dringen kann, endlich auch noch sichere, leichte und bequeme Handhabung beim Öffnen und Schließen derselben. Bei Fenstern mit Sprossen und Kämpfern sind dieselben so anzulegen, daß in bezug auf Form schöne Scheibenverhältnisse entstehen.

Ferner sei noch auf Klapp-, Dreh- und Schiebefenster hingewiesen. Diese Arten von Fenstern jedoch kommen für Wohnräume weniger in Betracht, da dieselben den praktischen Anforderungen nicht so entsprechen. Die Holzstärken für Fensterrahmen und Stöcke sind verschieden und richten sich ganz nach der Ausführung derselben. Bei Wohnhausfenstern werden die Rahmen gewöhnlich 35 auf 45 mm stark und die Stockhölzer 50 auf 90 mm stark belassen. Die Kämpfer dagegen 50 auf 80 mm zugerichtet.

Bei besseren Bauten, wo die Mittel reichen, werden die Fensterrahmen auch doppelt angelegt, um während der Winterzeit die Wohn-

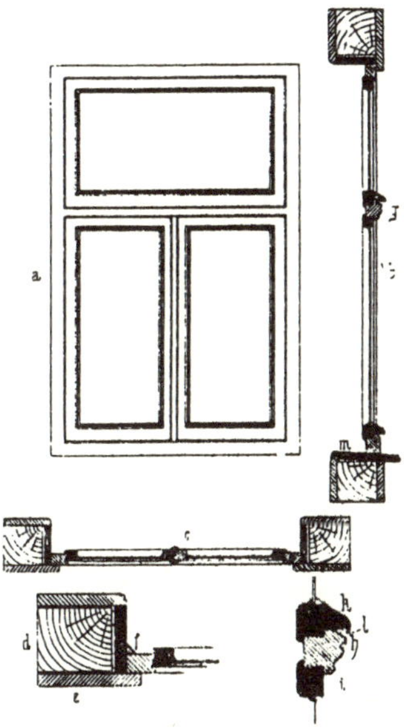

Abb. 213.

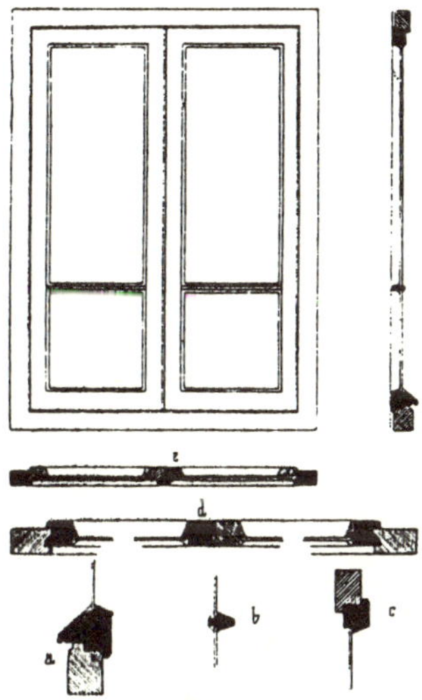

Abb. 214.

räume gegen Frost und Kälte mehr schützen zu können. Die innere Stockseite wird an der Mauerkante mit einer Nute oder einem Falz versehen, in welch letzteren der Futterrahmen eingelegt und befestigt wird.

In diesen Futterrahmen, welcher an seiner vorderen Seite mit einem Falz versehen ist, kommen die Doppelfenster, oder besser gesagt, die Winterfenster zu liegen. Die vordere Kante des Futters ist mit einer Deckleiste versehen, welch letztere den Zweck hat, das Futter an der Mauer befestigen zu können. Diese Winterfenster werden samt Oberlichtrahmen, wenn solcher vorhanden, und Kämpfer so hergestellt, daß dieselben nach Ablauf des Winters, wenn nötig, aus dem Futter weggenommen werden können. Das Futter dagegen bleibt am Stock befestigt. Das Anbringen der Winterfenster nach außen ist nicht zu empfehlen, zumal die äußeren Rahmen mehr der schlechteren Witterung ausgesetzt sind, und dieselben oft bei Beginn der Winterzeit in den höher gelegenen Stockwerken nach außen schwer einzuhängen sind.

In Abb. 213 ist ein einfaches Wohnhausfenster gezeigt. a ist Ansicht, b Höhenschnitt, c Grundriß. Das Mauerstockholz d ist mit Bret-

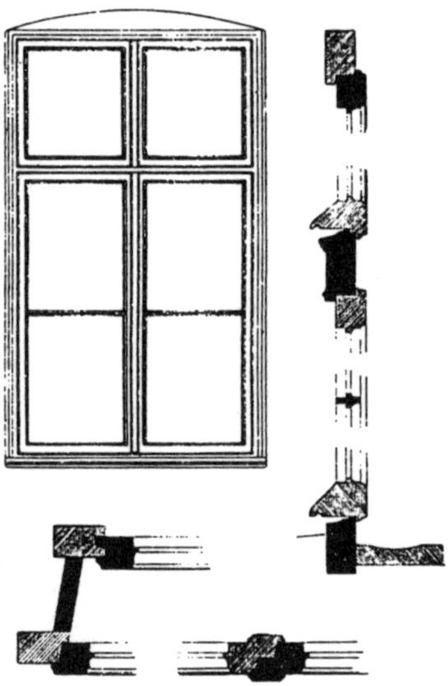

Abb. 215.

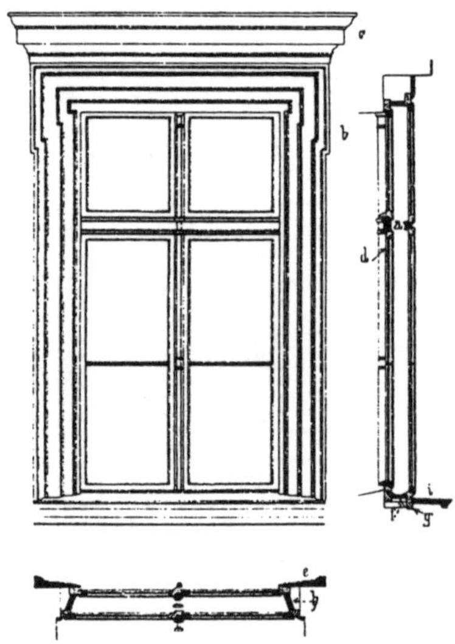

Abb. 216.

tern verschalt. Das äußere Schalbrett e steht 3—5 cm von der inneren Schalbrettkante vor, um so das Fensterstockholz besser befestigen (f), und von außen abschließen zu können. Das Fenster ist mit einem Kämpfer g versehen, und erhält dasselbe auf diese Weise einen Oberlichtrahmen. In i, h, k sind die Profile des Rahmens, Kämpfers und Wetterschenkels gezeigt. Der Wetterschenkel k hat an seiner unteren äußeren Kante eine sogenannte Wasserrinne l. Diese Wasserrinne ist so anzulegen, daß dieselbe das Kämpferholz überragt. Das etwaige von außen kommende Wasser läuft an der abgerundeten Wetterschenkelkante ab, sammelt sich in der Wassernase l an und läuft von da nach außen ab. Die Wasserrinne oder -nase verhindert somit das Eindringen des Regenwassers in den Kämpfer bzw. in das Innere des Wohngebäudes. Ebenfalls ist das untere Schalbrett m nach seiner äußeren Seite etwas schräg gelegt, um so das Wasser besser ableiten zu können. Das Rahmenholz ist auf Stab bearbeitet.

Abb. 214 zeigt die Ansicht eines Fensters, welches auf Fase gearbeitet und mit einem Sprossen aus Holz versehen ist. Das Stockholz a hat an seiner äußeren Kante ein Profil erhalten. b zeigt die Bearbei-

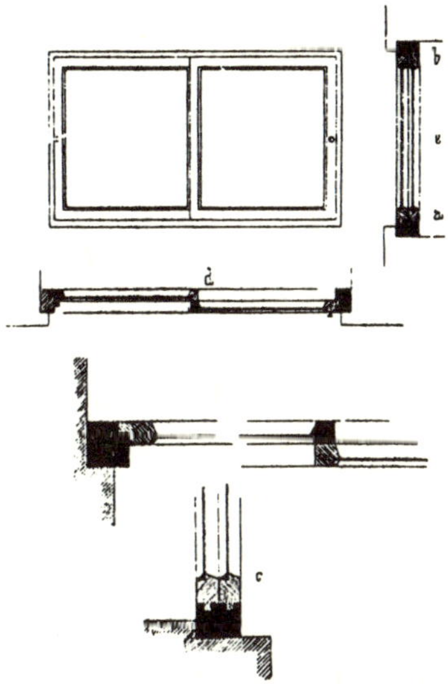

Abb. 217.

tung des Sprossen, c das Rahmenholz, d ist Grundriß, f Höhenschnitt. Die beiden Rahmenhölzer in der Mitte sind zusammengefälzt und mit einer Schlagleiste versehen.

In Abb. 215 ist die innere Ansicht eines Doppelwohnhausfensters, in Abb. 216 die äußere Ansicht mit verzierter Umschalung gezeigt. Diese Art von Fenstern, welche mit Winterrahmen versehen sind, werden wohl am häufigsten ausgeführt. Die Fensteranlage, welche doppelflügelig mit Kämpfer, Holzsprossen und doppeltem Oberlichtrahmen versehen ist, wird so hergestellt, daß die Winterfenster eingesetzt und herausgenommen werden können. Aus diesem Grunde ist es notwendig, den Kämpfer der Winterrahmen a an der linken Seite mit einem Zapfen zu versehen, denselben in das Futterstockholz einzustemmen, an der rechten Seite jedoch mit einem Flachriegel zu versehen, um denselben an dem Stockholz befestigen zu können. Auf diese Weise können die Kämpfer bzw. die Rahmen jederzeit herausgenommen werden. Die äußere Zierumrahmung, welche abgekröpft ist (b), erhält an ihrem Kopfstück eine Gesimsausladung (c). Die Schlagleiste d ist gedreht und hat etwas Kannelierung. Im Grundrisse zeigte e die Profilierung der Umrahmung. In f ist die Wasserhohle oder Wasserrinne, welche nach der Mitte tiefer liegt und mit einem Abzugskanal nach außen versehen ist, dargelegt. In g ist das Stockholz, in h das Futterholz der Winterrahmen gezeigt. Das Futterholz h kann entweder stumpf oder in den Falz des Stockholzes gelegt und so festgenagelt werden; i ist das Fenster- oder Brüstungsbrett, welches mit einer Feder versehen in die Nute des Winterstockholzes g geschoben und an dieser befestigt werden kann. An der vorderen Kante hat das Brüstungsbrett eine Profilierung. In Abb. 215 sind die Profile der einzelnen Hölzer, wie Rahmen, Sprossen, Kämpfer, Wetterschenkel usw., gezeigt.

In Abb. 217 ist ein Schiebefenster gezeigt, welches besonders bei Schaltern, Wirtschaftsschenken usw. Anwendung findet. Auch zu Kellerfenstern wird es benutzt. Das untere sowie obere Rahmenholz a und b ist mit einer stärkeren Feder versehen. Statt den Holzfedern, welche in die Nute des Stockholzes zu liegen kommen, können solche auch ganz aus Metall angeschraubt werden. An denselben können auch Rollen eingesetzt werden, welche auf einer Laufschiene sich hin- und herbewegen. Die beiden Rahmen müssen dicht zusammenschließen, was in e gezeigt ist, d ist Grundriß, c Höhenschnitt.

Verglasen.

Nachdem nun das Fenster so weit fertiggestellt, wird dasselbe eingeglast. Empfehlenswert ist, das Stock- und Rahmenholz vor dem Verglasen mit dem nötigen Anstrich zu versehen. Die Glasscheiben können entweder in Nute oder Falz gelegt werden, den sogenannten Kittfalz. Dieser Kittfalz wird am häufigsten nach außen verlegt, weil das anschlagende Regenwasser an dem steinharten Kitt besser abläuft und somit weniger in das Rahmengehölz eindringen kann. Bei größeren Scheiben jedoch ist es ratsam, vor dem Einlegen derselben den Auflagefalz mit einer dünnen Kittschicht zu belegen. Es hat dies den Vorteil, daß das Glas weniger zerspringen kann.

Fensterläden.

Tür- und Fensterläden haben die Aufgabe, vor den Unbilden der Witterung, vor Einbruch usw. zu schützen und das Tageslicht und Sonne von den Zimmern abzuhalten.

Die Fensterläden sind in ihrer Bauart sehr verschieden. Man unterscheidet glatte und gestemmte Läden. Letztere können feste Füllungen, feststehende oder bewegliche Jalousiebrettchen haben.

Glatte Läden werden entweder stumpf gespundet, verleimt oder gefedert mit Grat- und Hirnleisten verbunden. Die Anwendung der Hirnleisten ist nicht sonderlich zu empfehlen, da die Läden dem Witterungswechsel zu sehr ausgesetzt sind, und weil geleimt das Holz nicht arbeiten kann, wodurch die Läden dann windschief werden.

Bei gestemmten Läden können eine oder mehrere Füllungen angebracht werden, welche dann in Nuten gesteckt werden.

Nach den verschiedenen Arten gibt es Vorsatzläden, Klappläden, Umschlagläden, Anschlagläden, Schiebläden, Rolläden, Rolljalousie- und Zugjalousieläden.

Vorsatzläden sind solche, welche innen oder außen, abends vor- und morgens weggesetzt werden müssen.

Klappläden werden innen oder außen in die Fensternischen geklappt.

Anschlagläden werden beim Öffnen derselben außen an die Mauerwand geschlagen.

Die Schiebläden werden in einen Mauerschlitz, oder außen am Fenster nach rechts oder links geschoben.

Die Rolläden, welche aus Holz oder Eisen angefertigt werden, sind mit einer Zugvorrichtung aus Schnur, Kette oder Stange mit Kammrädern versehen, mittels welchen die Läden auf- und abgezogen werden können.

Der Rolladen rollt sich oben beim Aufziehen in einem Kasten walzenförmig auf.

Die Rolljalousieläden unterscheiden sich von den Rolläden nur durch die leichtere Bauart und den Luftschlitzen.

Zugjalousien schützen weder vor Kälte und Einbruch und werden mittels Schnüren zusammen- und auseinandergezogen.

Din-Normen.

Unter dem Namen „Normenausschuß der deutschen Industrie“ hat sich schon vor Jahren eine Vereinigung gebildet, die durch bestimmte erprobte Größen und Formen von Fabrikaten und Halbfabrikaten der Wirtschaft erhebliche Vorteile und Erleichterungen verschaffen will.

Es sollen durch vereinfachte Herstellungsweisen für die Massenfabrikation und Serienbau für besondere Fabrikationsarten eine erhebliche Senkung der Herstellungskosten erreicht werden. Es ist eine freiwillige Gemeinschaftsarbeit.

So sind auch auf dem Gebiet der Möbel- und Bauschreinerei Formen und Größenverhältnisse des Werkstoffes, der Möbel, Fenster, Türen, Treppen, auch der Zutaten, wie Beschläge, Schlösser usw. entstanden, die durch die Massenherstellung eine erhebliche Verbilligung ermöglichen und bei großen Aufträgen wie etwa für Siedlungen, Fabrikbauten, auch im Möbelbau schon zu berücksichtigen sind. Die für diese gesamten Gegenstände genormten Entwürfe und Blätter der verschiedensten Art, die alle technischen Einzelheiten und Maße enthalten, führen die Bezeichnung „Din-Normen-Blätter".

Zu beziehen sind diese Vorbilder durch den Beuth-Verlag in Berlin.

C. Verbindungen des Holzes durch andere Stoffe.

1. Durch Leim.

Das Verleimen der Hölzer ist für den ganzen Schreinereibetrieb von besonderer Wichtigkeit und Bedeutung.

Der Leim wird aus tierischen Abfällen, wie Knochen, Knorpeln, Häuten, Sehnen usw., gewonnen und in Tafelform oder Körnern (Perlleim) in den Handel gebracht.

Man unterscheidet verschiedene Arten von Leim, wie Lederleim, Knochenleim usw., von welchen jedoch der Lederleim für den Schreiner am besten und ausgiebigsten ist. Der Lederleim läßt sich vom Knochenleim durch ständiges Ansaugen von Wasser und durch seine schöne hellgelbe bis bräunliche Farbe unterscheiden, auch hat derselbe nicht den üblen Geruch des Knochenleims.

Vor dem Abkochen muß der Leim ca. 24 Stunden in kaltem Wasser aufgequellt und dann das Wasser hiervon abgeleert werden. Perlleim löst sich leichter und rascher.

Wird der Leim direkt über dem Feuer gekocht, so muß er ständig gerührt werden, damit er nicht anbrennt; am besten ist, wenn möglich, denselben im Dampf oder in einem mit Wasser gefüllten Kessel zu kochen.

Ist der Leim abgekocht, so wird derselbe entweder gleich in sogenannte Leimpfannen gegossen oder in kaltem Zustande stückweise in dieselben eingelegt.

Zur Arbeit muß der Leim stets warm gehalten werden, verliert aber durch öfteres Anwärmen, ebenso durch Staub und Schmutz seine Bindekraft.

Zum Verleimen selbst wird der Leim in drei Stärken benutzt: dünn, mittel und dick.

Der dünne Leim wird vorwiegend zu Fugen aus weicherem Holze verwendet und wird daher auch Fugenleim genannt. Bei härteren Holzarten wird derselbe etwas stärker aufgetragen.

Für Hirnholz und großporiges Holz zu leimen, wird der Leim sehr stark genommen; auch soll dieses Holz vorher mit Leimwasser getränkt sein, damit der Leim nicht zu stark in die Holzporen eindringt.

Vor allen Dingen müssen die zu leimenden Flächen gut zusammengefügt und leicht gezahnt sein.

Die ganzen Holzteile sollen auch leicht angewärmt werden; ebenso darf der Arbeitsraum nicht kalt sein; überhaupt muß die Arbeit, wenn dieselbe gut werden soll, rasch erledigt werden.

Aus diesem Grunde wird zum Verleimen gleichzeitig größerer Stücke mit verschiedenen Leimfugen der Leim nicht zu stark genommen, da derselbe sonst zu früh erkaltet, das genaue Passen der Holzverbindungen verhindert und nicht mehr genügend bindet.

Beim Auftragen des Leimes müssen möglichst alle zu verbindenden Flächen mitbedeckt werden; die Menge soll nicht auf den Bindeflächen zu groß sein; auch soll derselbe gleichmäßig darauf verteilt werden.

Ist dies geschehen, so müssen die geleimten Teile oder Gegenstände mit Schraubknechten und Schraubzwingen fest zusammengepreßt werden, damit der überflüssige Leim sich wieder herausdrückt.

Je nach der Witterung und der Verbindung müssen nun diese frisch geleimten und eingespannten Gegenstände 2—12 Stunden ruhen, bis der Leim verhärtet.

An fettigen oder geölten Stellen haftet Leim nicht, weshalb beim Schneiden oder Hobeln von Holzverbindungen, welche geleimt werden sollen, die hierzu zu verwendenden Werkzeuge nicht gefettet werden dürfen.

Nasses Holz leimt nicht; ebensowenig halten Leimfugen an Gegenständen, welche ständig Nässe oder Feuchtigkeit ausgesetzt sind; auch die neu erfundenen Bindemittel, welche dem Leim zugesetzt werden, haben sich bis jetzt noch nicht besonders bewährt.

Sollen schmälere Bretter z. B. der Breite nach zu einer größeren Fläche verleimt werden, so muß bei den Fugen Kernkante an Kernkante und Splintkante an Splintkante geleimt werden, da im anderen Falle das Holz ungleichmäßig trocknet und kleine Absätze an den Fugen sich bilden. Das für Flächen am besten verleimbare Holz ist das Reifholz.

Der Kaltleim ist im Gegensatz zum Warmleim ein chemisches Produkt und wird aus Kasein hergestellt.

Er wird hauptsächlich zu Bauarbeiten verwendet, da der kalte Leim durch Feuchtigkeit seine Bindekraft nicht verliert. Für die Herstellung von Sperrholzplatten ist er unentbehrlich. Dieser Leim ist in Pulverform erhältlich und wird mit lauwarmem Wasser in einem Verhältnis wie 1/2 angerührt, ist aber auch in fertigem, flüssigem Zustand im Handel zu haben.

Bei der Verwendung zu gerbsäurehaltigen Edelhölzern ist Vorsicht geboten, da dann leicht dunkle, fleckige Stellen entstehen, die allerdings wieder mit einer Salzsäurelösung entfernt werden können.

2. Durch Nägel, Schrauben, Bänder, Haken usw.

Eine weitere Verbindung der Hölzer erfolgt durch Nägel, Schrauben, Bänder, Haken usw.

Man unterscheidet hier zwei Arten, dauernd feste und lose bewegliche oder unbewegliche, aber leicht lösbare Verbindungen.

In der Bauschreinerei werden zur Verbindung von Hölzern noch 6—7 cm lange Holznägel verwendet, während sonst durchweg alle obenerwähnten Verbindungsmittel aus Eisen, Stahl, Messing, Kupfer usw. bestehen.

Zu festen unbeweglichen Verbindungen werden die verschiedenen Sorten von Nägeln und Schrauben verwendet.

Die Nägel sind viereckige, dreieckige oder größtenteils runde Stifte, welche oben einen flachen Kopf und unten eine kantige Spitze haben. Die flachen Köpfe derselben sind bei kleineren Nägeln glatt, bei größeren gerieft, damit der Hammer nicht abgleitet.

Die Dicken und Längen der Nägel sind sehr verschieden und richten sich ganz nach der Art der Verwendung bei Schreinerarbeiten.

Die kurzen und feinen Stifte werden allgemein mit Furnierstifte bezeichnet. Bei vielen Arbeiten, wie z. B. bei Lattentüren, Gartenzäunen usw., werden des besseren Haltes wegen vielfach die durchgeschlagenen Nägel nach hinten über ein kleines Eisen umgeschlagen und deren Spitze wieder entgegengesetzt ins Holz eingetrieben.

Eine bessere und festere Verbindung erfolgt durch die sogenannten Holzschrauben, da dieselben die Fasern des Holzes nicht auseinandertreiben wie die Nägel, sondern mit ihren spiralartigen Gewinden sich in dieselben einwinden und zusammenhalten.

Man unterscheidet Schrauben mit flachen Köpfen, welche so in das Holz eingelassen oder versenkt werden, daß deren Köpfe mit der Holzoberfläche bindig sind, und solche mit runden Köpfen, welche mit ihren halbrunden Köpfen hervorstehen. In beiden Fällen haben deren Köpfe

Einschnitte, welche zum Einsetzen des sogenannten Schraubenziehers dienen.

Bei den Schrauben hat man ebenso viele Arten wie bei den Nägeln.

Zur Verwendung der Schrauben müssen die Löcher in der Stärke vorgebohrt werden, als der Kern der Spitze derselben stark ist, da die Schrauben von oben nach unten sich ja etwas verjüngen. Bei den sogenannten versenkten Schrauben muß mit dem Versenker das Loch oben für den Kopf ausgerieben werden. Vor dem Einschrauben, besonders bei Hartholz, müssen die Schrauben etwas in Öl oder Seife eingetaucht werden, damit dieselben leichter im Holz laufen.

Ein besonderer Vorteil der Verwendung von Schrauben ist nicht allein in der festeren Haltbarkeit im Gegensatz zu den Nägeln zu erblicken, sondern auch andererseits durch die wieder leichtere Lösbarkeit derselben.

Sehr häufig werden die Schrauben wie Nägel eingeschlagen, was aber vollständig zu verwerfen ist, da dieselben hierdurch mit ihrem Gewinde das Holz vollständig zerreißen und einen viel schlechteren Halt gewähren als Nägel.

Sogenannte Mutterschrauben, bei welchen beim Durchstecken durchs Holz von hinten eine sogenannte Mutter entgegen eingeschraubt wird, finden hauptsächlich bei der Bauschreinerei, wie bei Türen an Beschlägen usw., Verwendung, da dieselben einen außerordentlichen Halt bei Gegendruck gewähren.

Eine weitere feste, aber lösbare Verbindung geschieht durch mechanische Beschläge von Bändern mit Schrauben, wie z. B. bei auseinanderlegbaren Kleiderschränken die Schrankschrauben und Schließen in vielgestaltiger Ausführung, oder durch Bänder und Haken, wie bei Bettstellen.

Auch durch drehbare einfache und doppelte Scharniere, wie an Türen usw., erfolgt gewissermaßen eine Verbindung von Holzteilen. Besonders ist das Klavierband, ein durchgehendes Scharnierband, bei oft mehreren Metern Länge, zu erwähnen.

Gerade unter den letzteren Arten von Verbindungsmitteln gibt es so viele neue gute und praktische Erfindungen, auf welche einzeln einzugehen in diesem Buche nicht möglich ist.

Es empfiehlt sich in diesem Falle, Kataloge von leistungsfähigen Häusern für Beschläge zur Einsichtnahme kommen, oder noch besser an Ort und Stelle sich von Zeit zu Zeit solche Neuheiten vorzeigen zu lassen.

D. Das Furnieren.

Unter Furnieren versteht man das Überziehen eines geringeren weichen Holzes, wie Pappel, Linde, Tanne und Fichte, mit ca. 1 mm stark geschnittenen Holzblättern aus edleren Holzarten.

Das Furnieren geschieht nicht allein immer der Billigkeit wegen, um einem geringeren Holze das Aussehen eines wertvolleren zu geben, sondern auch aus konstruktiven Gründen, und weil durch die gemaserten und schlichten Furniere eine geschmackvollere, dekorativere Zusammenstellung erzielt werden kann.

Irrtümlich ist noch heute beim Publikum und bei Schreinermeistern die Meinung verbreitet, daß zur Herstellung eines guten haltbaren Möbels möglichst starkes, massives Hartholz zu verwenden sei.

Dem ist nicht so; es ist bekannt, daß ein solches massives Holz ständig mit einer Gewalt und Kraft arbeitet, springen und reißen kann, was bei einem gut furnierten, sogenannten abgesperrten Holze, nicht erfolgt.

Insbesondere ist dies bei besonders großen Flächen, wie Tischplatten, Schrankseiten usw., der Fall.

Das zu überziehende Weichholz nennt man Blindholz, die zum Überziehen verwendeten Blätter Furniere.

Man unterscheidet in der Herstellung der letzteren Messer- und Sägefurniere, nach ihrer Art schlichte und gemaserte Furniere.

Die sogenannten Messerfurniere werden mit Messern teilweise so schwach wie ein Kartenblatt geschnitten, während die Sägefurniere, wie der Name sagt, mit der Säge getrennt werden.

Die billigeren Messerfurniere werden allgemein verwendet, die Sägefurniere hingegen nur zu besseren, solideren Arbeiten.

Die schlichten Furniere werden aus dem Stamm, die gemaserten Furniere aus der Wurzel desselben geschnitten.

Die sogenannten Pyramidenfurniere, welche aus der astartigen Gabel eines Stammes geschnitten werden, kommen weniger vor und werden nur zu besonders feinen Möbeln verwendet.

Weitere Furniere, sogenannte Vogelahornfurniere werden nicht geschnitten, sondern mit Messern rund vom Stamme geschält, da die schönen Augen größtenteils an der äußeren Seite desselben liegen.

Die zur Unterlage der Hauptfurniere und beim Absperren des Blindholzes verwendeten Blindfurniere bestehen aus Linden- oder Pappelholz und werden in einer Stärke von 1—3 mm verarbeitet.

Die Furniere werden je nach Zeichnung ausgesucht und in verschiedenster Art zusammengesetzt. Um breite Flächen zu erhalten, werden die Blätter mit geradegeschnittenen Seiten nebeneinandergesetzt und bilden dann Längsfugen.

Um eine gleichseitige Zeichnung bei Flächen zu erhalten, werden die Furniere gestürzt und mit ihren Hirnenden zusammengesetzt.

Auch werden die Furniere auf Kreuzfugen strahlen- oder sternförmig zusammengesetzt, und grenzt diese Behandlung an die einfache Einlegearbeit, von Hand geschnitten, statt gefügt.

Es sei besonders vermerkt, daß für ein genaues Zusammenpassen der Furniere stets die beiden oder mehrere gleichmäßig vorhandene Teile zusammen zwischen zwei gehobelte Bretter oder Leisten in die Hobelbank gespannt und mit einer äußerst scharfen Rauhbank gefügt werden müssen.

Die Behandlung der Furniere beim Zusammensetzen erfordert sehr viel Sorgfalt, besonders bei den Maserfurnieren, da dieselben leicht brechen und splittern.

Vor dem Furnieren müssen die zusammengehörigen Furnierteile genau zusammengesetzt und mit sogenannten Furnierstiften auf einer glatten Platte festgeheftet werden. Alsdann überklebt man die Fugen mit Papier oder Leinwandstreifen, wodurch dann eine zusammenhängende Furnierplatte entsteht.

Es soll hierzu nur besonderes Fugen- oder auch Schreibpapier verwendet werden.

Helle Furniere dürfen nicht mit Stiften geheftet werden, sondern mit Leisten und Schraubzwingen, da sonst durch die entstandenen Löcher der Leim läuft und später schwarze Flecken bildet.

Ein schlichter, glatter Furnier bedarf vor der Zusammensetzung keiner besonderen Vorrichtung, wie z. B. gemaserte Furniere, da letztere oft sehr wellig und beulig sind.

Die gemaserten Furniere müssen zur Beseitigung dieses Zustandes erst mit heißem Wasser oder Leimwasser benetzt und zwischen zwei warme Zulagen gespannt werden, bis dieselben trocken sind. Die mit Leimwasser benetzten Teile halten besser.

Kleine schadhafte Stellen an geflammten Furnieren werden mit einem aus Hirnholz und Leim hergestellten Kitt ausgefüllt. Astlöcher werden mit passendem Furnierteil ausgeflickt.

Das zum Furnieren bestimmte Blindholz muß vorher tadellos gerade abgerichtet sein. Vorhandene Äste müssen ausgebohrt und durch Langholz ersetzt werden. Harzgallen und sonstige Vertiefungen müssen ausgeschabt oder ausgebrannt und mit Kitt, aus gestoßener Holzkohle, Gips oder Schlemmkreide und Leim ausgekittet werden.

Der Kitt muß aber höher, als die schadhafte Stelle zur Oberfläche ist, aufgetragen werden, da derselbe beim Trocknen etwas schwindet und einsinkt.

Das Blindholz muß alsdann mit dem Zahnhobel sehr sauber kreuzweise, Strich an Strich, schräg über die Fläche abgezahnt werden, daß keine Unebenheit beobachtet werden kann, da sonst dieselbe außen an der Furnierseite sich andeutet.

Ist nun alles so weit vorbereitet, so kann das Furnieren beginnen.

Die zu benützenden Furnierböcke oder -pressen müssen vor dem Furnieren gut gerichtet sein, damit die Arbeit glatt und rasch vonstatten geht. Auch müssen die Zinkzulagen vorher gehörig angewärmt werden.

Der zum Furnieren verwendete Leim muß stark und reichlich aufgetragen sein.

Bei hellen Furnieren wird dem Leim Kreide zugesetzt oder direkt weißer Leim verwendet.

Bevor die Furniere aufgelegt werden, muß der Leim so angetrocknet sein, daß er beim Anfassen noch etwas haftet. Beim Aufsetzen zusammengesetzter Furniere müssen dieselben gleich an den richtigen Platz kommen, da ein Verschieben und Rücken nicht mehr möglich ist.

Die auf den noch nassen Leim zu früh aufgesetzten Furniere quellen und verziehen beim Trocknen die ganze Platte.

Wird eine Platte auf der einen Seite, wie bei Füllungen, mit schlichten und auf der anderen Seite mit gemaserten Furnieren bezogen, so muß auf der letzteren Seite der Leim dicker genommen werden, da gemaserte Furniere mehr Wasser aufsaugen, weil dieselben vielfach gleichzeitig oft aus Quer-, Lang- und Hirnholz bestehen und sich sonst vollständig rund werfen würden.

Damit die frisch aufgelegten Furniere beim Auflegen der erwärmten Zinkzulagen sich nicht verschieben, müssen dieselben oben und unten, in der Mitte oder auf einer Seite mit Furnierstiften festgeheftet werden, was sich natürlich nur auf Flächen mit zusammengesetzten Furnieren bezieht.

Bei der Verwendung von Furnierböcken (Abb. 218) statt der Presse müssen oben und unten Holzzulagen eingelegt werden, zwischen welchen die mit glatten Furnieren belegten Holzplatten nur oben und unten von den Zinkzulagen bedeckt eingespannt, zu liegen kommen.

Die Zinkzulagen müssen, um ein Ankleben an den Furnieren zu verhindern, mit Fett oder Seife eingerieben oder aber mit Papier bedeckt werden.

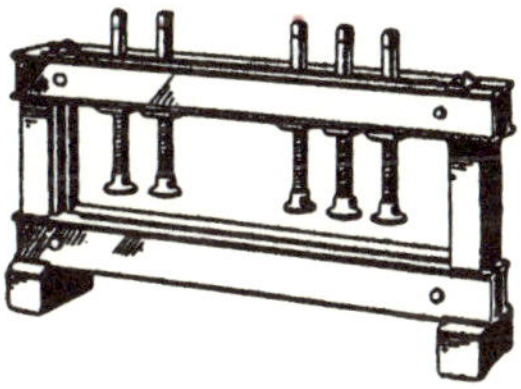

Abb. 218. Furnierbock.

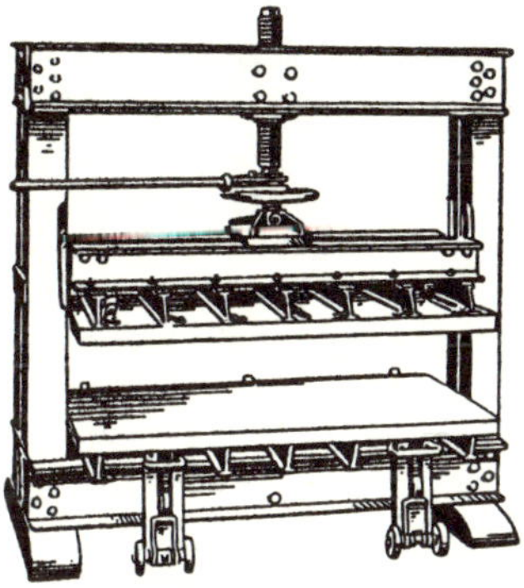

Abb. 219. Furnierpresse.

Das Anziehen der Spindeln muß von der Mitte aus langsam erfolgen, damit der Leim sich gleichmäßig verteilt und die Furniere sich ordentlich glatt anlegen können.

Sind die zu furnierenden Platten nicht ganz genau gleich dick, so müssen dieselben beim Pressen nicht nebeneinander, sondern mit dazwischenliegenden Zinkzulagen übereinander zu liegen kommen; doch dürfen die Größenverhältnisse nicht zu verschieden sein.

Werden reichlich zusammengesetzte Furniere in Böcken gepreßt, so können durch starkes Anziehen der Spindeln von der Mitte aus die Furnierteile sich leicht verschieben.

Auf alle Fälle muß ein gleichmäßiges Anziehen der Spindeln erfolgen.

Durch Anwendung der F u r n i e r p r e s s e (Abb. 219) sind solche eventuell eintretende Mißstände fast völlig ausgeschlossen, da die Pressung und Druck auf allen Seiten dann g l e i c h m ä ß i g erfolgt.

Sollen bewegte krumme Flächen furniert werden, so müssen entweder entsprechende Holzzulagen angefertigt oder aber Zinkzulagen in geeigneter Weise nach der Form gebogen werden.

Die Befestigung resp. das Anschrauben und Pressen erfolgt nun mittels Leisten und Schraubzwingen.

Auch werden noch vielfach Furniere mit dem Hammer angerieben, was aber bei größeren Flächen nicht zweckmäßig ist, insbesondere, weil in diesem Falle die Furniere, damit dieselben geschmeidiger werden, mit warmem Wasser naß gemacht werden müssen, dadurch quellen und beim Trocknen die ganzen Holzplatten sich verziehen.

Die furnierten Gegenstände müssen zwei bis drei Stunden unter Pressung bleiben und dürfen nach dem Herausnehmen nicht gleich weiter bearbeitet werden.

Dieselben müssen zirka 48 Stunden durch die Luft trocknen, und zwar vollständig frei gestellt.

Säulen werden besser in zwei Längshälften furniert, indem man erst die eine Furnierhälfte an einer Seite fügt, 2—3 cm anleimt und mittels Leiste festspannt. Alsdann wird der weitere Teil mit Leim bestrichen und mit gewölbtem Holz oder dem Furnierhammer aufgerieben, wobei das ungefügte Ende 1 bis 2 cm über die Hälfte der Säule überstehen muß. Die zweite Hälfte wird alsdann mit einer gefügten Seite an die andere bereits gefügte aufgeleimte angeleimt und in derselben Weise verfahren, so daß auch die andere ungefügte Hälfte über die Mitte 2 cm übersteht.

Die nun übereinandergehenden ungefügten Enden werden nun mittels Richtscheit und scharfen Messern der Länge nach schräg durchgeschnitten und angerieben, wodurch eine äußerst genau passende Fuge entsteht.

Alsdann werden die Hirnenden mit einem Band umspannt, die bereits angesetzten Leisten wieder abgenommen und über die beiden Längsfugen nach der Wölbung der Säule geformte Leisten fest aufgespannt, da die Furnierenden durch die Wölbung immer noch das Bestreben haben, sich loszulösen.

Es soll noch besonders erwähnt werden, daß in der Fabrikation besondere Zuschneide- und Klebemaschinen, auch Furnierpressen, angewendet werden.

IV. Verwendung des Holzes.

Die Verwendung der Hölzer ist sehr verschiedenartig, und richtet sich dies ganz nach der Zweckbestimmung.

Nicht allein, daß sich nicht jedes Holz zu bestimmten Arbeiten seinen Eigenschaften nach verwenden läßt, wird man ebensowenig wertvolles Holz zu gewöhnlichen Arbeiten verschaffen.

Bei der großen Anzahl guter und schöner Holzarten unseres deutschen Waldes ist es aber heute unsere Pflicht, durchweg sich dieser einheimischen Holzarten zu bedienen und deutsche Möbel und Bauten auch aus unserem deutschen Holz zu gestalten.

a) zur Ausführung von Möbeln werden so ziemlich alle Holzarten benützt, auch wertvolle ausländische Hölzer, wie Mahagoni, Amarant, Ebenholz, Palisander usw.

In der Hauptsache ist dies durch Furnieren ermöglicht, da hierdurch bei wertvollen Hölzern eine ganz erhebliche Werkstoffersparnis erzielt wird.

Zur Ausführung von einfachen, gestrichenen Möbeln wird gewöhnliches, oft unreines Fichten- oder Kiefernholz benützt, während für naturbehandelte oder gebeizte Möbel ausgesuchtes, reines, astfreies Holz verarbeitet wird.

Auch eignet sich nicht jedes Holz gleich gut zum Beizen und Polieren.

So wird z. B. als Ersatz für Mahagoni besonders rotgebeiztes Rüster-, und für Ebenholz schwarzgebeiztes Birnbaumholz usw. verwendet.

Für polierte Arbeiten eignen sich besonders Nußbaum, Eiche, Kirschbaum, Mahagoni, Palisander, Ebenholz, überhaupt die meisten Harthölzer.

Auch für Holzschnitzarbeiten ist härteres Holz geeigneter wie Weichholz.

b) Für Bauarbeiten verwendet man meistens nur Tanne, Fichte, Kiefern, Pitchpine, Eiche und Rüster, seltener Nußbaum, Kirschbaum, Ahorn, Esche usw.

Zu Fußböden werden meistens die ersteren verwendet, während zur Ausführung von Arbeiten, welche der Witterung oder Witterungseinflüssen ausgesetzt sind, ein festes und fettes Holz benutzt wird.

So werden z. B. Fenster, Balkontüren, Haustüren und dergleichen aus Eichenholz, Pitchpine usw. gefertigt, während zu Holzdecken, Wandvertäfelungen, Zimmertüren usw. alle auch für Möbel verwendeten Hölzer benutzt und auch so behandelt werden können.

Wie schon unter Kapitel A/d Holzverbindungen ausgeführt ist, spielen die neuen Sperrholzplatten bei der Verwendung des Holzes zu Möbeln und Bauschreinerarbeiten eine große Rolle, da, unbedenklich richtig angewendet und behandelt, die größten glatten Flächen daraus zusammengebaut werden können.

V. Fertigstellung der Schreinerarbeiten.

1. Schleifen des Holzes.

Das Schleifen des Holzes, an und für sich eine einfache Arbeitsleistung, hat den darauffolgenden Vollendungsarbeiten, wie Färben, Einlassen und Polieren, vorauszugehen und ist dieserhalb mit besonderer Aufmerksamkeit und Pünktlichkeit zu behandeln.

Während größtenteils das Schleifen von Hand erfolgt, so werden doch auch in neuerer Zeit hauptsächlich in größeren Betrieben hierzu Maschinen und Apparate verwendet (Abb. 42a und b).

Das Holz wird entweder naß oder trocken geschliffen.

Naß schleift man mit Bimsstein und Wasser oder auch mit Firnis, besonders bei harten Hölzern, und da, wo die Beizen das Bestreben haben, die Poren aufzuziehen.

Trocken schleift man mit Glaspapier und Bimsstein.

Der Hauptzweck des Schleifens ist, eine glatte und saubere Oberfläche zu erhalten.

Am besten und häufigsten hat sich das Schleifen trocken mit Glaspapier bewährt. Das Holz muß der Länge nach der Faser geschliffen werden.

Nach dem Schleifen empfiehlt es sich, die geschliffene Fläche mit lauwarmem Wasser anzufeuchten, damit die Poren des Holzes aufstehen. Wenn das Holz trocken ist, wird dasselbe mit feinem, aber scharfem Glaspapier nochmals abgeschliffen.

Hirnholz wird, solange es naß ist, abgeschliffen und nach dem Trocknen nochmals.

Bei zu polierenden Arbeiten müssen die Flächen nach dem Schleifen noch mit Schleiföl geschliffen werden.

Das Schleifen mit Öl geschieht mittels Bimsstein oder ganz feinem Glaspapier.

Für polierte Arbeiten ist gut geschliffen halb fertig poliert.

Beim Schleifen von Profilen ist für jedes einzelne Gesimsglied eine Zulage zu verwenden, damit die scharfen Ecken und Kanten nicht verschliffen werden.

2. Beizen und Färben des Holzes.

Das Beizen und Färben des Holzes ist ein so ausgedehntes Gebiet, daß in nachstehender Abhandlung nur allgemein darüber gesprochen werden kann, und auf Spezialwerke wie „Schultz, Die Holzfärbungen" (Bibliothek der gesamten Technik) hingewiesen werden muß.

Zum Unterschied von den verschiedenen Verfahren, die Holzoberflächen durch Politur, Lack oder andere Mittel zu schützen oder zu verschönern, handelt es sich beim Beizen und Färben des Holzes um Dinge, die den im Holz selbst liegenden Naturnotwendigkeiten und Gesetzmäßigkeiten unterliegen. Davon soll der Schreiner bei der Ausführung einigermaßen etwas wissen und dies berücksichtigen, damit er

„Beizen und Färben" nur bei den dafür geeigneten Hölzern anwendet, wo sich dieselben wirkungsvoll, lichtbeständig und dauerhaft erweisen.

Muß das Holz eine dunklere Farbe wie der Naturton oder die Farbe eines anderen Holzes oder eine andere beliebige Farbe erhalten, so werden Farbstoffe angewendet, was mit „Beizen und Färben" bezeichnet wird. Zum Unterschied vom Streichen des Holzes werden beim Beizen klar lösbare Substanzen verwendet, welche die Maserungen und Feinheiten des Holzes nicht nur allein nicht verdecken, sondern noch besonders hervorheben. Für die Farbenwirkungen bei der Holzbearbeitung spielen die Beizen eine besondere Rolle. Es sind Farbstofflösungen in Wasser, Spiritus, Terpentin usw., oder aber Lösungen aus anderen chemischen Stoffen.

Man kann über das „Beizen und Färben" der Hölzer etwa folgendes sagen:

a) Alle Hölzer, ohne besondere farbige Abwechslung, harten und weichen Jahresringen, auch gerbsäurehaltig, wie Eiche, ebenso Nadelhölzer und Buche, wenn die letzteren vorher noch mit Gerbsäure behandelt werden, lassen sich am besten beizen.

b) Hölzer, mit besonderer starker farbiger Art und gleichmäßiger Struktur, z. B. ausländische Hölzer wie Mahagoni, Palisander usw., oder Kirschbaum, Rüster, Birke und ähnliches, können durch Färben verstärkt und belebt werden.

c) Hölzer, mit gleichmäßiger Struktur, aber selbst ohne besondere starke farbige Belebung wie z. B. Birnbaum, Erle, Linde, Ahorn usw. können zur besseren Wirkung und Belebung gebeizt oder gefärbt werden.

Die Beizen werden kalt oder warm aufgetragen und dringen tief in die Poren des Holzes ein, je nach dem Härtegrad desselben.

Es werden daher mit ein und derselben Farbe an verschiedenen harten und weichen Hölzern vorgenommene Versuche verschiedene Abtönungen und Färbungen ergeben.

Dies bewirkt nicht allein der verschiedene Härtegrad der einzelnen Hölzer, sondern auch die anderen verschiedenen Bestandteile derselben, wie z. B. Gerbstoff usw.

Nicht alle in Handel gebrachten Beizen sind lichtbeständig und dauerhaft, und es sei hier besonders gewarnt, solche Beizen anzuwenden, von denen man noch durch praktische Versuche keine Erfahrungen besitzt.

Es ist auch dieserhalb zum Beizen der Hölzer notwendig, nicht allein die Eigenschaften und Bestandteile derselben kennenzulernen, sondern auch die Zusammensetzung und Wirkung der Beizen.

Das Beizen der Hölzer kann erfolgen:

1. durch farblose chemische Stoffe, wie Salpetersäure, Schwefelsäure usw.;
2. durch Alkalien, wie Ammoniak, Ätzkali, den Säuren entgegengesetzt wirkende Substanzen;
3. durch Salze, wie Chromkali, Eisenvitriol, Chromnatrium usw.;
4. durch natürliche organische Farbstoffe, wie Indigo, Kasselerbraun usw.;
5. durch künstliche organische Farbstoffe, wie Anilin- und Alizarinfarben usw.;
6. durch Farbpigmente in Verbindung mit Metallsalzen und Spezialwachsen, sog. Megerlés Metallsalzbeizen.

Durch die Beizflüssigkeiten, welche in das Holz eindringen, öffnen und heben sich die Poren und Fasern des Holzes etwas, wodurch das Holz dann wieder abgeschliffen werden muß.

Wird das Holz vor dem Beizen mit Wasser angenetzt und wieder abgeschliffen, so ist das Nachschleifen nach dem Beizen oft ganz erspart.

Die Beizen werden auf das Holz mit einem Schwamm oder mittels eines breiten weichen Haarpinsels aufgetragen.

Die gebeizten Gegenstände müssen etwa 48 Stunden trocknen, ehe dieselben mit einer schützenden Schicht von Wachs oder Mattierung überzogen werden können.

Auch erhalten vielfach die gebeizten Gegenstände während des Trocknens durch die Einwirkung der Luft erst ihre richtige satte Farbe, wie z. B. mit Eisenvitriol gebeiztes Eichenholz direkt nach dem Beizen hellgrau erscheint. Wird dasselbe der Luft ausgesetzt, so erhält es nach etwa 40 Stunden ein kräftiges Grau.

Ein altes Beizverfahren ist das Räuchern oder Dämpfen des Eichenholzes.

Die gut geschliffenen Eichenmöbel werden in einen luftdicht verschließbaren Raum eingesetzt, in welchem man verteilt zwei bis drei Schalen mit Ammoniak aufstellt und so 25 bis 50 Stunden den nun entstehenden Dämpfen aussetzt.

Dieses Verfahren ist nichts anderes, als eine Nachahmung des gealterten Eichenholzes, welches durch langjährige Einwirkung der atmosphärischen Luft auf die reichhaltige Menge des in demselben befindlichen Gerbstoffes seine gebräunte Farbe erhalten hat.

Es ist dieses Verfahren also keine eigentliche Nachahmung im wirklichen Sinne des Wortes, sondern eine natürliche Sache.

Die Ammoniakdämpfe dringen durch die tiefen Poren des Eichenholzes tief in dasselbe ein.

Sollen z. B. die Vertäfelungen, Türen und Fenster eines Zimmers so gebeizt werden, so stellt man einfach in das Zimmer solche Verdampfschalen und schließt es entsprechende Zeit luftdicht ab.

Wenig Gerbsäure enthaltende andere Holzarten müssen vor dem Räuchern mit Tannin bestrichen werden.

Das so gebeizte Holz wird nun mittels Wichsen und Bürsten wie anderes gebeiztes Holz fertiggestellt.

Unter den vielen Arten der vorhandenen Beiz- und Färbemittel sind alle Lösungen, die den Farbton, den das zu behandelnde Holz haben soll, nicht haben, „echte Beizen". Und andererseits sind Lösungen, die schon den fertigen Farbton haben, der auf das Holz kommen soll, „Färbemittel".

Der Schreiner, der auf keiner besonderen wissenschaftlichen Grundlage über die verschiedenen Materialien, Zusammensetzung und Auswirkungen im Bilde ist, tut gut, sich an die im Handel befindlichen, von bewährten Fachleuten nach langjährigen Versuchen erprobten Mittel zu halten.

So sind heute die erprobten Teerfarben in Pulverform als Rohfarben, oder schon in Holzfarben, die auch nach Farbmustern beliebig noch gemischt werden können, erhältlich. Mit Hilfe von 3 Grundfarben, Neugelb, Persiorot und Tiefschwarz und noch ergänzend von Neublau und Neuechtgrün können alle natürlichen Holztöne aus basischen Teerfarben als Wasser- und Hartholzbeizen, gemischt werden. Vor dem Beizen und Färben muß der Untergrund, das heißt die zu behandelnden Flächen sauber und rein vorgerichtet sein. Vor allen Dingen darf in den Poren kein Schleifstaub sich mehr befinden. Bei furnierten Flächen darf auch kein durchgeschlagener Leim vorhanden sein. Fettharzige Hölzer, wie Kiefernholz, müssen vor dem Beizen durch Laugen entharzt werden.

3. Einlassen, Wachsen und Mattieren des Holzes.

Da beim Firnissen das Holz einen unschönen Glanz erhält, so wird vielfach dasselbe mit heißem gekochten Leinöl, verschiedene Male eingelassen, d. h. gestrichen oder getränkt, wodurch ein schöner warmer und freundlicher Ton entsteht.

Auch können dem Leinöl beliebig Farben beigemengt werden, durch was der Naturton des Holzes noch belebt werden kann.

Das Wachsen des Holzes geschieht nur, um einerseits dem Holze eine schützende Schicht zu geben und andererseits einen matten Glanz zu erhalten.

Gewöhnliches Wachs wird zerkleinert und mit Terpentin aufgelöst. Die Lösung wird mittelst Pinsel nicht zu dick, kalt oder warm auf-

8*

getragen und muß aufgestrichen ein bis zwei Tage stehen bleiben, damit sie mit dem Holz genügend Verbindung erhält. Alsdann werden die gewachsten Gegenstände mit einer steifhaarigen Bürste abgebürstet, gewichst und dann mit einem wollenen Lappen nachgerieben, wodurch der zarte, matte Glanz entsteht.

Durch das Bestreichen der Holzfläche mit Wachs werden die Poren des Holzes ausgefüllt, wodurch man schöne glatte Flächen erhält.

Da das Wachsen allein keinen festen schützenden Überzug des Holzes bildet, so muß noch mittels besonderer Präparate (Mattierung) ein solcher erzeugt werden.

Diese sogenannte Mattierung wird mittels wollener Lappen aufgetragen und schützt einigermaßen das Möbel vor Wasser und Schmutzflecken.

Das ganze Wachsen kann durch neue Präparate, wie Rosinol, Megerlin usw., mit gutem Erfolg ersetzt werden, es muß jedoch eine Vorbehandlung mit einem Grundpräparat vorausgehen.

Durch diese neuen Präparate kann man verschiedene Wirkungen vom einfachen Matt bis zum Hochglanz durch verschiedenmaliges Auftragen und Zusatz von hochprozentigem Spiritus erreichen.

4. Polieren des Holzes.

Das Polieren des Holzes ist nicht nur ein Zier-, sondern auch ein Schutzmittel. Es ist auch heute noch, trotz aller Neuheiten, die schönste, haltbarste, aber auch schwierigste Oberflächenbehandlung des Holzes. Durch die Schellackpolitur gewährt es einen bedeutend besseren Schutz, als wie viele andere neue Vollendungsarbeiten.

Nicht alle Hölzer eignen sich zur Hochglanzbehandlung, wie z. B. Nadelhölzer und weiche Laubhölzer. Am besten sind Hölzer, die eine gewisse Härte und Gleichmäßigkeit in der Struktur haben. Der Zweck des Polierens ist nicht in erster Linie der, eine spiegelnde Oberfläche herzustellen, sondern vor allem noch die natürlichen Schönheiten der Hölzer hervorzuheben. Bei furnierten Teilen ist besonders darauf zu achten, daß keine brüchigen oder unebenen Stellen an der zu polierenden Oberfläche sich befinden.

Das Polieren ist trotz seiner Einfachheit eine besondere Sache und eine Kunst, die nicht allein eine außergewöhnliche Übung und Erfahrung, sondern auch eine sorgfältige gewissenhafte Behandlung mit Gefühl erfordert.

Trotz vielen erprobten Neuheiten und Geheimmitteln ist immer noch die gewöhnliche Schellackpolitur, welche aus gutem Schellack und mit nicht unter 95%igem Spiritus hergestellt ist, ein gutes Poliermittel. Das

Polieren selbst muß unbedingt in einem abgeschlossenen, warmen und staubfreien Raum vorgenommen werden. Die erste Voraussetzung für eine gute Arbeit ist eine gründliche Vorbereitung der zu polierenden Flächen durch Abschleifen und Verputzen.

Nach dem Schleifen des Holzes wird dasselbe zuerst durch Aufstäuben von Bimssteinmehl und mittels verdünnter Politur grundiert, und zwar solange, bis die Poren des Holzes geschlossen sind. Die Verwendung von Öl nach dem Schleifen zur Belebung des Holzes und zum Grundieren ist von den Fachleuten umstritten. Öl soll beim Grundieren möglichst keines verwendet werden, da dasselbe sonst später wieder ausschlägt.

Statt dem Porenfüllen durch aufgestäubtes Bimssteinmehl mit Politur wird heute der sog. P o r e n f ü l l e r verwendet, ein Präparat aus Nitrozelluloselack und ähnlichem.

Das neueste Mittel ist eine Verbindung von Naturschellack und Nitrozellulose, welch letztere eine geschmeidigere Lösung ergibt. Bei gebeizten Gegenständen muß beim Anpolieren besonders sorgfältig verfahren werden, damit durch evtl. Aufreißen der Politur die Beize stellenweise nicht mitgerissen wird, wodurch sonst unverwischbare fleckige unsaubere Stellen entstehen.

Die nun grundierten Stücke müssen etwa ein bis zwei Tage behufs Erhärtung der Oberschichte im warmen Raume stehen. Alsdann werden dieselben, um die wieder geöffneten Poren zu beseitigen, mittels eines feinen Glaspapiers oder eines Filzes mit Bimssteinpulver abgeschliffen und zum zweitenmal poliert, wozu nun etwas Polieröl verwendet werden kann. Nachdem die Gegenstände wiederum zwei bis drei Tage warm gestanden haben und die Oberflächenschicht eine gewisse Dicke erhalten hat, werden dieselben nochmals zum Schlusse fertigpoliert.

Zur Schellackpolitur nimmt man zum Polieren von Mahagoni- und Palisanderholz feuerigen rubinroten Schellack, während für hellere Hölzer orange oder gebleichter Schellack geeigneter ist.

Zum Fertigpolieren benützt man am besten einige Tropfen Benzoetinktur und 95%igen Spiritus, wodurch das noch vorhandene Öl verschwinden soll.

Das alte Verfahren, das sog. Abwienern, geschieht mittelst einiger Tropfen verdünnter 6—9%igen Lösung von Schwefelsäure und Wiener Kalk.

Beim letzteren Verfahren muß der Kalk in einem Leinwandbeutel aufgestäubt werden, während das Abpolieren selbst nun nicht mehr mit Lappen, sondern mit dem Ballen der Hand und einigen Tropfen Wasser geschehen muß.

Das Abpolieren mit Schwefelsäure oder Kalk und Wasser ergibt einen schönen Hochglanz und nimmt den Rest des eventuell noch in der Polierfläche befindlichen Öles mit fort.

Das Mattpolieren ist etwas einfacher.

Nach erfolgtem Grundieren und einmaligem Polieren wird die Fläche mit Terpentinöl und Bimssteinmehl mattgebürstet und alsdann mit einem weichen Lappen abgerieben.

Geschnitzte Flächen zu polieren ist nicht empfehlenswert, da niemals eine saubere Fertigstellung und Wirkung, wie es der Zweck des Polierens ergeben soll, erzielt wird und dies auch gar nicht dieser Technik entspricht.

Es muß besonders darauf hingewiesen werden, daß heute die chemischen Spezial- und Lackfabriken zum Grundieren, Porenfüllen, Polieren und Fertigpolieren des Holzes ausgezeichnete, erprobte und bewährte Präparate in Handel bringen, die eine raschere und doch verläßliche Ausführung ermöglichen, als wie die bewährten alten Verfahren.

5. Streichen, Spritzen, Lackieren und Bemalen des Holzes.

Der Anstrich und die farbige Behandlung des Holzes kann aus verschiedenen Gründen erfolgen.

Er kann geschehen zum Schutze und zur Dauerhaftigkeit des Holzes, oder aber zur Verschönerung desselben. Für die farbige Behandlung muß der Schreiner Gefühl für die Farbe, malerisches Empfinden und Geschmack für gute Abstufungen und Gegensätze haben. Der schönste Aufbau und Flächenverteilung kann durch falsch gewählte Farben und Farbabstufungen vollständig verlorengehen. Die tektonische Unterteilung und Gliederung des Gegenstandes muß berücksichtigt werden.

Man unterscheidet verschiedene Arten von Anstrich und Überzug des Holzes, den gewöhnlichen und undurchsichtigen Anstrich mit Öl oder Emailfarbe und den durchsichtigen, das Firnissen und Lackieren.

Der Ölfarben- oder auch Emailfarbenanstrich verdeckt die unsauberen Stellen des Holzes, welche vielfach auch vorher verkittet werden, und gibt einem weichen Holz eine gewisse feste, äußere, schützende Schicht.

Es erfolgt in der Regel ein dreimaliger Anstrich mit einem Lacküberzug.

Der Anstrich ist entweder in einfach glatten Tönen, in besserer Ausführung mit aufgemalten Linien und Ornamenten gehalten, oder aber es werden bessere Holzarten durch Nachahmung ihrer Masern (Maserieren) nachgebildet.

In den meisten Fällen ist ein solches Nachahmen, wenn nicht äußerst durch besondere Umstände geboten, zu verwerfen.

Der Anstrich soll nur für einfache Ausführungen da angewendet werden, wo er eine neue bestimmte Farbe ergeben und noch Schutz bieten soll, wie bei Kirchen-, Büro-, Schul- oder Wirtschaftsmöbeln usw.

Der durchsichtige Anstrich des Möbels oder der Bauarbeiten geschieht größtenteils mittels eines Leinölfirnisses, welcher durch Abkochen gewöhnlichen Leinöls unter Zusatz von Metalloxyden gewonnen wird.

Der aufgetragene Firnis, welcher die Struktur und Feinheiten des Holzes noch erkennen läßt, erhärtet mehr und mehr und bildet dadurch eine schützende Schicht gegen Witterungseinfluß und Beschmutzung. Bauschreinerarbeiten werden häufiger gefirnist wie Möbelarbeiten und hauptsächlich, wenn dieselben aus geringerem Weichholz angefertigt sind.

Statt dem Anstrich von Hand wird besonders bei der Massenherstellung das sogenannte Spritzverfahren mit der Spritzpistole angewendet, was besonders für große und unterbrochene sehr bewegte Flächen sehr zweckmäßig ist. Besonders im letzteren Falle, wo mit dem Pinsel schwer beizukommen ist. Die Natur- und Kunstharzlacke spielen dabei eine besondere Rolle.

Es werden nicht nur undurchsichtige Farbtöne, sondern auch die feinsten Holzmaserungen, ornamentale Gebilde, Verästungen usw. gespritzt, auch farblose durchsichtige Lacke als letzten Überzug. Es sind dies besonders die neuen Nitrozellulose-Lacke.

Bei den farblosen Lacküberzügen unterscheidet man in der Wirkung 3 Arten:

a) für Mattüberzug,
b) für Seidenglanzüberzug,
c) für Hochglanzüberzug.

Auch bei diesem Verfahren ist eine gute, saubere Grundfläche Vorbedingung. Es müssen alle unsauberen Stellen gut mit Kitt verspachtelt und verputzt werden.

Die Sperrholzplatten erfordern vor dem Streichen oder Spritzen eine sorgfältige Behandlung.

Vor dem Anstrich sollen die glatten Seiten leicht angefeuchtet und wieder mit Sandpapier abgeschliffen werden. Einseitige Anstriche verziehen leicht solche Platten, es ist deshalb der Anstrich gleichzeitig auf beiden Seiten zu empfehlen.

Beim Schleiflackverfahren müssen die Flächen mit einem Grundlack vorbehandelt werden und gut trocken sein. Mit Wasser und pulverisiertem Bimsstein werden dann die Flächen mittels eines Filzlappens sauber abgeschliffen. Nach wiederholtem Grundieren und Abschleifen werden nun die matten sauberen Flächen mit farblosem Lack überzogen. Um der Oberfläche einen matteren Glanz zu geben, wird dieselbe mit Terpentin und Bimssteinmehl wieder mehr oder weniger abgeschliffen, je nach dem gewünschten Matt.

Die Emaillackfarben trocknen rasch, ergeben einen sauberen Untergrund, werden sehr hart und sind trotzdem gegen Stoß- und Schlagfestigkeit äußerst elastisch, springen also nicht leicht ab.

Unter den neueren Anstrichstoffen sind die Kunstharze und die daraus hergestellten synthetischen Farbstoffe besonders beachtenswert. Der sog., vielleicht falsch bezeichnete synthetische Lack ist ein sehr rasch trocknendes Material, hat eine gute Verlauffähigkeit und ergibt hohen Dauerglanz.

Für die Materialien zu den Vollendungsarbeiten und Fertigstellung von Schreinerarbeiten sind die nachstehenden Firmen außerordentlich erprobt und leistungsfähig und erteilen jederzeit Auskunft und Ratschläge:

1. Fr. Megerle, Lackfabriken und Rivolinwerke, Friedberg (Hessen),
2. Schramm A.-G., Farben und Lackfabriken, Offenbach a. M.

VI. Zutaten und dekorative Schmuckmittel.

1. Holzbildhauerarbeit.

Die Holzschnitzerei spielt in der dekorativen Ausgestaltung von Möbel- und Bauarbeiten seit alters her eine besondere Rolle, und wie überall gegen früher Arbeitsteilung eingetreten ist, so ist dies auch hier der Fall.

Während früher vielfach der Kunsthandwerker und Schreiner für seine Möbel- und Bauarbeiten Holzschnitzereien selbst angefertigt hat, so ist derselbe heute größtenteils angewiesen, seine Möbelteile dem Holzbildhauer zur Ausführung zu übersenden oder Holzschnitzer in seiner Werkstätte zu beschäftigen.

Die einfachste Art von Holzschnitzerei ist der sogenannte Kerbschnitt (Abb. 220a und b), eine uralte Verzierungsweise, welche schon von den Völkern mit niederster Kulturstufe zum Schmücken ihrer Gerätschaften angewendet worden ist.

An vielen Orten, besonders im Norden von Europa, hat sich bis zur heutigen Zeit diese Technik erhalten, und zahlreiche musterhafte Beispiele an Möbeln und Bauarbeiten zeigen uns deren geschickte Anwendung und Wirkung.

Im großen Ganzen wurde auch der Kerbschnitt als Dilettantenarbeit an zahlreichen Kleinmöbeln und Ziergegenständen geübt.

Mit wenigen Werkzeugen, oft nur mit dem Schnitzmesser werden die aus lauter geometrischen Teilen bestehenden Ornamente in die Holzflächen eingeschnitten.

Die häufigsten wiederkehrenden Formen sind der Zweischnitt, Dreischnitt, Vierschnitt, Keilschnitt und Furchenschnitt.

Durch stehenbleibende glatte Flächen erhalten diese Art Ornamente Abwechslung und Ruhe.

Die zur Ausführung nötigen Werkzeuge sind: Schnitzmesser, Stecheisen und sogenannte Geißfüße.

Am besten eignet sich hierzu Hartholz, besonders aber Linde, Nußbaum, Eiche, Birnbaum und Buxbaum.

Kerbschnitt eignet sich besonders für Kleinmöbel, wie Ziertische, Kassetten, Brettstühle, doch kann derselbe, wenn maßvoll und spärlich gehalten und verteilt, sehr wirkungsvoll auch an großen Möbeln angebracht werden.

Nächst dem Kerbschnitt ist es der Flachschnitt (Abb. 221 bis 222), welcher besonders für den Schreiner zur dekorativen Ausgestaltung seiner Arbeiten in Betracht kommt.

Der Flachschnitt, bei welchem die Flächen des Ornaments stehenbleiben und nur der Grund und einige Millimeter herausgeschnitzt wird, ist eine dankbare und wirkungsvolle Verzierungsweise.

Die Kontur der Zeichnung wird mit geraden und krummen Holzbildhauereisen eingeschlagen und alsdann mit Flacheisen der Grund ausgehoben, glattgeschnitten oder aber mit gekörnten Punsen punktiert. In die stehengebliebenen Flächen werden dann vielfach noch Linien oder Rippen mit dem Geißfuß eingeschnitten.

Im Mittelalter und zur Zeit der Renaissance blühte der Flachschnitt besonders. Um die Ornamentik noch wirkungsvoller zu gestalten, wurde oft der Grund noch farbig herausgemalt.

Mit etwas Zeichenkenntnissen ist der Flachschnitt leicht zu erlernen und praktisch zu verwerten, besonders bei der derzeitigen einfachen modernen dekorativen Verzierungsweise unserer Möbel- und Bauarbeiten.

Im Gegensatz zu dem vorerwähnten Kerbschnitt und Flachschnitt steht die eigentliche Holzschnitzerei (Abb. 223).

220a

223

220b

222

221

Abb. 220—223.

Die freie Holzschnitzerei von reliefartigen oder runden Ornamenten und Figuren erfordert nicht nur eine langjährige Technik, sondern auch reiche Zeichen- und Modellierkenntnisse.

Die einfachen geschäftlichen Ornamente werden direkt nach Zeichnung geschnitzt, während für größere, künstlerische und figürliche Arbeiten zuerst Modelle modelliert werden müssen.

Die höchste Vollendung und reichste Ausgestaltung hat die Holzschnitzerei zur Zeit der Blütezeit des Möbels, der Renaissance, erreicht.

Wie alles einem Wechsel unterworfen ist, so ist es auch zur Zeit mit der Holzschnitzerei.

So einfach und maßvoll gegenwärtig die gesamte Formengebung unserer Möbel ist, so spärlich findet Holzschnitzerei Anwendung.

Die Fertigstellung einer Holzschnitzerei kann verschiedentlich erfolgen.

Die Formen können sauber ausgeschnitzt und mit Glaspapier abgeschliffen sein oder aber, was uns richtiger und zeitgemäßer erscheint, breitflächig mit scharfen Eisen geschnitten, so, daß noch die scharfen durch den Schnitt aufgeworfenen Gräte und Konturen stehen bleiben. Auch werden mit leicht gewölbten Eisen den Formen nach, noch sehr oft flotte Züge oder Rippen eingeschnitten.

Das Glaspapierschleifen muß natürlich in letzterem Falle in Wegfall kommen und nennt man dann dieses eine flotte Schnitztechnik.

In den letzten Jahren hat man auch sogenannte Holzschnitz- oder Vervielfältigungsmaschinen erfunden und in Anwendung, mit welchen es ermöglicht ist, nach einem vorhandenen Modell aus Metall, Holz oder Gips verschiedene gleichgroße, kleinere oder größere Kopien in den verschiedensten Holzarten zu fräsen (Abb. 224)*).

Härtere Hölzer eignen sich besser für diese maschinelle Herstellung, weil dieselben weniger ausbrechen.

Runde Figuren und Gegenstände müssen je nach ihrer Formengebung von verschiedenen Seiten bearbeitet werden, was durch einfache mechanische Verstellung in der Maschine ermöglicht wird.

Die Bedienung solcher Maschinen kann durch einen ungelernten Arbeiter erfolgen.

Nach einem sogenannten Taster, welcher über die verschiedenen Höhen und Formen weggeführt wird, fräsen rundlaufende Fräser in genau derselben Bewegung auf den verschiedenen eingespannten Holzklötzen die gewünschten Holzschnitzereien.

---

*) Abb. 224 siehe Bilderanhang.

Es können Ornamente in einer Größe von 36/120 cm gleichzeitig in zwei bis fünf Exemplaren bearbeitet werden.

Bei kleineren Gegenständen können gleichzeitig bis sieben Stück hergestellt werden.

Für eine saubere Ausführung ist es zu empfehlen, die Modelle nicht fertig zu fräsen, sondern etwas stärker in Holz stehen zu lassen, damit an den gefrästen Exemplaren noch genügend Material für den Holzbildhauer zum Fertigschnitzen vorhanden ist.

2. Drechsler- und Formarbeit.

Die Drechslereien und geformten Holzarbeiten, wie Füße, Säulen, Spangen, Stützen usw. sind für die Schreinerarbeiten unentbehrliche Zutaten und Hilfsmittel.

Besonders zur Zeit der Renaissance und in den letzten Jahrzehnten war die Anwendung von Drechslerarbeiten an Möbeln sehr verbreitet und auch beliebt.

Durch die moderne Kunst, welche auch eine Vereinfachung der Formensprache in der Gestaltung unserer Möbel erzielt hat, ist die Anwendung von gedrehten Zutaten an Möbeln und Bauarbeiten sehr spärlich geworden.

Unter gedrehter Arbeit versteht man eine solche, welche aus einem Stück Holz auf der mit Fuß- oder Kraftmaschine angetriebenen Drehbank mit dem Drehstahl in beliebige Formen gebracht wird, welch letztere mit Profile bezeichnet werden.

Man unterscheidet gewöhnliche Dreherarbeit, bei welcher alle Profillinien im rechten Winkel zur Mittelachse des Gegenstandes stehen und rund sind (Abb. 225—227).

Eine weitere Art ist das Ovaldrehen.

Durch einen auf die Spindel der Drehbank besonders aufgespannten Apparat, das sogenannte Ovalwerk, wird das Holzstück exzentrisch bewegt und ermöglicht dadurch, je nach der Einstellung des Ovalwerkes beliebige ovale Formen, wie ovale Platten, Stäbe usw. zu drehen (Abb. 228).

Beim Passigdrehen verschiebt sich das Arbeitsstück gleichmäßig durch eine besondere Vorrichtung und Schablone in der Richtung der Längsachse, wodurch die Profilkanten dann nicht mehr rechtwinklig, sondern schief, schraubenförmig usw. zur Mittelachse des Gegenstandes stehen (Abb. 230).

Durch eine besondere Vorrichtung an der Drehbank können auch vier- und beliebigkantige Stäbe und Säulen gedreht werden (Abb. 229).

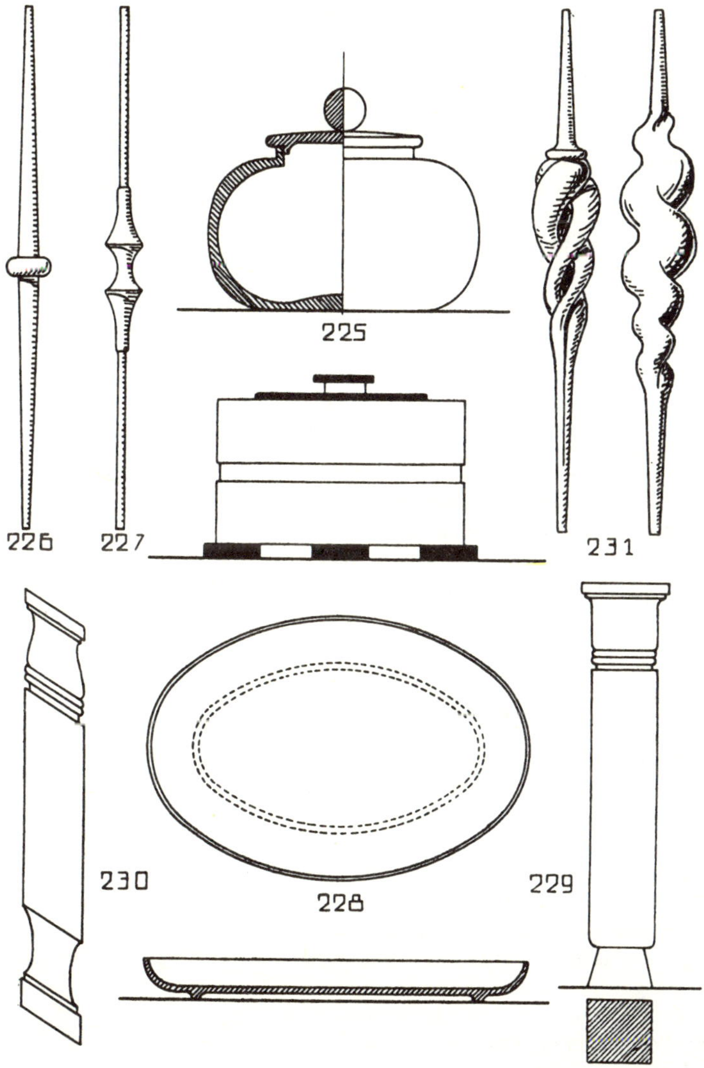

Abb. 225—231.

Das Drehen von runden und profilierten Gegenständen kann auch mechanisch und selbsttätig auf besonders dafür gebauten Formdrehbänken und Fräsmaschinen mittelst eingespannter profilierter Form- und Fräsmesser erfolgen.

Besonders für Massenherstellung ist dies zu empfehlen, da insbesondere durch diese mechanische Herstellung die Gegenstände alle genau gleich werden.

Das F o r m e n von Gegenständen, wie Säulen mit Windungen, Hohlkehlen, Stäben usw., erfolgt mittelst besonderer auf der Drehbank aufgespannten Fräs- und Windeapparate oder aber, wo dies nicht möglich ist, von Hand mittelst Bohrer, Säge, Feile und Raspel (Abb. 231).

Abb. 232*) zeigt eine solche Form-Drehbank von der Firma Kirchner & Co., Leipzig.

Abb. 231 zeigt gedrehte und von Hand geformte Windungen.

3. Einlegearbeit (Intarsia).

Die Einlegearbeit, Intarsia oder auch Marketerie genannt, ist eine uralte Kunst, welche schon in Griechenland, Indien und China in frühester Zeit betrieben worden ist.

Man unterscheidet verschiedene Arten des Einlegens von Holz in anderes von verschiedener Farbe oder von anderen Werkstoffen, wie Elfenbein, Perlmutter, Metalle, Schildpatt usw., in Holz und umgekehrt.

Im 15. Jahrhundert stand diese Kunst und Technik in Italien, zur Zeit der Renaissance, in vollster Blüte und Vollkommenheit, während in Deutschland dieselbe hauptsächlich in den Städten Nürnberg und Augsburg erst zu Beginn des 16. Jahrhunderts mit Erfolg betrieben wurde.

In den letzten Jahrhunderten ist nun diese Kunst wieder besonders zu Ehren und in Anwendung gekommen, und zwar nicht allein zur Verzierung von Möbeln, Decken und Wänden, sondern auch zur Darstellung von größeren Bildern, wie Landschaften, Figuren usw.

Bei der sogenannten Inkrustation werden aus dem massiven Holz Vertiefungen herausgenommen, welche alsdann mit anderen Werkstoffen, wie Holz, Elfenbein, Metall, Perlmutter usw., in kleineren Stücken zu geometrischen würfel-, und sternförmigen Mustern zusammengestellt und ausgefüllt wurden.

Auch Metallstifte und Linien wurden auf diese Weise eingeschlagen, eine Technik orientalischer Art und Ursprungs, wie dieselbe heute noch in Bosnien betrieben wird.

---

*) Abb. 232 siehe Bilderanhang.

Es werden Silberdrähte in reicher Arabeskenart in schwarzgebeiztes Birnbaumholz eingeschlagen.

Ähnlich ist die sogenannte Tar-Kaschiarbeit, welche in Indien ihren Sitz hat.

Ein fabrikmäßiges Herstellen von Holzeinlagen, als schmale, geometrische Bandornamente zur Verzierung und Umrahmung von Kanten an Tischplatten, Nähmaschinen, Möbeln. kleinen Kassetten usw., wird als Marketerie bezeichnet (Abb. 233—236).

Während man in früherer Zeit sehr mühsam und zeitraubend solche kleine geometrische Motive mit Messer und Hobel aus Holz herstellen mußte, so können heute solche hübsche Bänder in allen Arten um billiges Geld vom Schreiner gekauft werden.

Zur Herstellung solcher eingelegten Bandornamente werden in der Länge von 35 cm dem Ornament in Linie und Farbe entsprechende, sauber zugerichtete Holzstäbe zusammengepaßt und verleimt.

Mit feiner Kreissäge werden hiervon nun 1—2 mm starke Furnierstreifen quer heruntergeschnitten, welche als Hirnholzeinlagen dann in anderes Holz eingelegt werden können.

Der Schreiner bezeichnet diese schmalen Bänder als Hosenträgerfurniere.

Schachspielbretter, Kassetten usw. werden auf diese Weise eingelegt, auch für größere Möbel sind diese schmalen Bänder in neuerer Zeit dankbare, einfache, und doch sehr wirkungsvolle Dekorationszutaten.

Die meist angewendetste und vollendetste Art von Einlegearbeiten ist die eigentliche Intarsia (Abb. 237—238), bei welcher bei einer beliebigen Anzahl, zwei bis zehn und mehr Nutzhölzern oder künstlich gefärbten Hölzern ganze Gruppen von Ornamenten, Landschaften, Figuren usw. zu ganzen Füllungen oder Bildern zusammengestellt werden.

Zur Erstellung solcher Einlagen werden den Farben der Zeichnung entsprechend eine Anzahl Furniere mit dünnem Leim und dazwischenliegendem Papier aufeinandergeleimt, oder aber vor dem Leimen die Zwischenseiten derselben mit trockener Seife bestrichen, wodurch dann nach dem Sägen die einzelnen Teile sich leichter voneinander wieder lösen lassen.

Ist die betreffende Zeichnung nun aufgepaust oder aufgeklebt, so wird mit feinen Sägen, dem Laubsägebogen oder aber, wie Abb. 239*)

*) Abb. 239 siehe Bilderanhang.

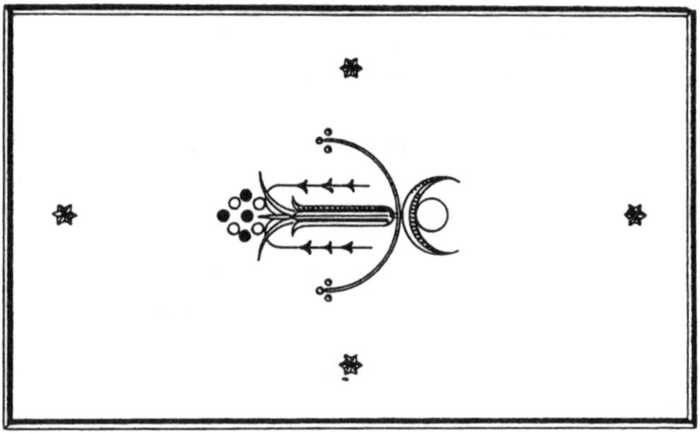

238

233

234

236

235

237

Abb. 233—238.

zeigt, mit der Intarsiensägemaschine genau auf dem Strich die Zeichnung nachgesägt, welches allerdings eine sichere Führung der Säge bedingt.

Mit dem Laubsägebogen wird der Zeichnung nachgeschnitten, während beim Arbeiten an der feststehenden Sägemaschine die Zeichnung der Säge zugeführt werden muß.

Ist die ganze Zeichnung ausgesägt, so werden die aufeinandergeklebten Teile voneinander losgelöst, auseinandergelesen und den Farben und der Zeichnung entsprechend zusammengesetzt.

Über das ganze Bild wird nun Papier geklebt.

Diese nun eingelegte, zusammenhängende Furnierplatte wird nun auf das Blindholz wie andere Furniere so aufgeleimt, daß die Papierseite nach oben zu stehen kommt.

Mit der Ziehklinge wird nach dem Trocknen die Oberseite abgezogen, geschliffen und poliert, je nach der bestimmten Fertigstellung.

Zeigen die Sägenschnitte offene Stellen, so werden dieselben vor der Fertigstellung der Oberfläche mit einem Kitt von Leim und Sägemehl, eventuell Holz- und Kohlenstaub, ausgerieben.

Da die Farben der Naturhölzer zur Herstellung von Intarsien nicht ausreichend sind, so werden außer anderen Werkstoffen, wie Schildpatt, Perlmutter, Horn, Elfenbein, Metalle, auch noch farbig durchgebeizte Furniere verwendet.

Auch werden, um die Wirkung der Einlagen noch zu erhöhen, an einzelnen Teilen, wie Blättern, Blüten, Blumen usw., Schattierungen und Abtönungen durch teilweises Eintauchen dieser Teile in hochgradig erhitzten, scharfen Sand vorgenommen.

Zu höheren künstlerischen Leistungen, wie zur Herstellung von großen Landschaften, Figuren usw. ist ein großes Lager der verschiedenartigsten und mannigfaltigsten Arten von Furnieren erforderlich.

Mit künstlerischem Empfinden und mit besonderer Erfindungsgabe müssen zur Darstellung von stimmungsvollen Bildern, z. B. wie zu Himmel, Wolken, Berge, Baumgruppen, Gesträucher, Wasser, Häuser usw., die Naturschönheiten, wie Masern, Streifen, Knorren, Spiegel, sowie die charakteristischen, insbesondere oftmals vereinzelten Eigentümlichkeiten und Merkmale des gewachsenen Holzes aus dem reichhaltigen Furnierlager ausgesucht und zusammengestellt werden.

Enge mit der flachen Intarsie ist die Reliefintarsie verbunden, d. h. Einlagen von verschiedenfarbigem Holz werden noch teilweise geschnitzt oder Einlegearbeit mit Holzschnitzerei usw. verbunden (Abb. 238, Kelchblume und Halbmond in Elfenbeinrelief).

Als Grundlage können natürlich keine Furniere mehr, sondern entsprechend dicke Brettchen verwendet werden.

Da mit den dünnen Laubsägen gleichzeitig nicht zu dickes Holz gesägt werden kann, so können infolgedessen nur flache Reliefs auf diese Weise hergestellt werden.

Sind die einzelnen Teile sehr hoch, so müssen dieselben einzeln fertiggestellt, deren Umrisse auf der Grundplatte angerissen, ausgesägt und dann im ganzen eingelassen werden.

4. Beschläge und Schlösser.

Wenn Beschläge und Schlösser in der Hauptsache technische und praktische Aufgaben im Schreinergewerbe zu erfüllen haben, so ist bei deren Gestaltung und Anwendung in mindest gleichem Maße dem künstlerischen Teil Aufmerksamkeit zu schenken. Die Anwendung von Metallbeschlägen, seien sie aus Eisen, Messing, Kupfer oder verwandten Materialien, erfolgt vielfach nur als dekoratives Schmuckmittel, gerade so, wie Holzschnitzereien, Drechslereien oder Intarsien.

Die Beschläge können glatt oder ornamentiert sein, ihre Naturfarbe oder einen anderen metallischen Überzug haben. In allen Fällen muß jedoch jeder Beschlag mit einem schützenden Überzug versehen sein, da sonst die Beschläge durch Witterungseinfluß, durch Angreifen mit der schweißigen Hand usw. unschön oxydieren und fleckig werden.

Eisenbeschläge, im Freien an Toren usw. angewendet, sollen mit Eisenlack überzogen oder schwarz gebrannt sein.

Alle übrigen Beschläge, gleichviel aus welchem Material, müssen mit einem schützenden, durchsichtigen, farblosen Lack überzogen, verniert sein, worauf beim Einkauf zu achten ist.

Die Beschläge werden entweder nach besonderen Entwürfen ausgeführt oder aber fertig gekauft. Im letzteren Falle ist besonders darauf zu achten, daß der Beschlag nicht nur in seiner Farbe zu dem betreffenden Gegenstand paßt, sondern daß auch seine Formen sich geschmackvoll denjenigen des Möbels anschließen.

Man wird also z. B. keinen Renaissancebeschlag zu einem Rokokomöbel verwenden oder umgekehrt usw.

Die wichtigsten Beschläge an Möbeln sind Schlüsselschilder mit und ohne Griffe, Scharnier- und Zapfenbänder, Scharnierriegel, Fuß- und Eckbeschläge sowie die vielen verschiedenartigen Sorten von Schlössern.

Die Schlüsselschilder an Türen, Schubladen usw. werden mit und auch ohne Griffe angewendet.

Die Griffe sind entweder feststehend oder beweglich, einseitig oder doppelt befestigt und haben die verschiedenartigsten Formen.

Die Anwendung von sogenannten Scheinbändern an Scharnieren ist entschieden zu verwerfen, da dies eine konstruktive Lüge ist.

Unter den Scharnieren unterscheidet man: einfache, doppelte und überkröpfte Scharniere.

Ein rein konstruktiver Beschlag ist der Riegel, welcher hauptsächlich zum Feststellen von Türen dient. Man unterscheidet den gewöhnlich aufliegenden Schubriegel, den eingelassenen Kantenriegel mit umgebogenem Griff oder tiefliegender Schubvorrichtung, den Stangenriegel mit verlängerter Riegelstange und den Hebelriegel selbstschließend.

Die Fuß- und Eckbeschläge dienen in der Hauptsache dazu, die Möbel vor Beschädigungen, insbesondere durch die Füße, zu schützen.

Dieselben sind größtenteils einfach und glatt, höchstens einseitig bewegt, ausgeschnitten.

Die Schlösser, welche zum Verschließen einzelner Räume und Möbelteile dienen, sind rein konstruktiver Art und verschiedenartigster Ausführung.

Dieselben werden entweder mit Schließblech und Stulp in das Holz eingelassen und werden dann Einlaßschlösser genannt, oder aber das zwischen Schließblech und Decke sitzende Schloß wird in das Holz eingestemmt, so, daß nur der mit dem Holz bündige Stulp sichtbar ist, und werden dann als Einsteckschlösser bezeichnet.

Die Schlösser werden in allen Größen ausgeführt und ist bei deren Ankauf und Anwendung besonders die Entfernung von der Mitte des Dorn bis Stulp maßgebend.

Für gewöhnliche Arbeiten nimmt man sogenannte eiserne Schlösser, während für bessere Arbeiten gewöhnlich Schlüsselrohr und Schloßblech, Stulp und Schließblech aus Messing sind.

Die verschiedenen Schloßarten sind:

Einlaßschlösser für Schränke und Laden,
Einsteckschlösser für Schränke und Laden,
Spiegelschrankschlösser mit zwei Riegeln, Schlüsselblech parallel zum Stulp,
Sekretärschlösser mit zwei Riegeln, Schlüsselblech senkrecht zum Stulp,
Pilasterschlösser nach zwei Seiten schließend, zum Einlassen und Einstecken,
Schiebtürschlösser ohne Stulp,
Büfett- oder Schiebtürschlösser ohne Stulp,
Basküle- oder Stangenschlösser nach oben und unten schließend,

Basküle- oder Stangenschlösser nach oben, unten und seitwärts schließend,
Zylinderschlösser,
Pultschlösser mit geradem oder schrägem Stulp,
Rosettenschlösser,
Klavierschlösser,
Kugelschlösser usw.

Für Möbelbeschlagteile wären unter den vielen neuen Arten noch die Fußbeschläge für Tische, Polstermöbel usw. anzuführen.

Es sind dies Beschläge mit drehbaren Rollen oder aber mit eingelegten drehbaren Glaskugeln.

Der Beschlag für Bauschreinerarbeiten ist für den Schreinermeister einfacher, insbesondere auch das Anschlagen von Türen und Fenstern größtenteils durch den Bauschlosser erfolgt.

Diese Beschläge dienen hauptsächlich zur Befestigung und Verbindung einzelner Teile, zur Bewegung derselben, zum Festhalten, zum Verschließen und zur Ausschmückung.

Mit sogenannten Steinschrauben und Bankeisen erfolgt eine Befestigung des Holzes mit Mauerwerk usw., während mittels Eckwinkel eine Eckverbindung wie an Fenstern und Türen hergestellt wird.

Sollen diese Winkel eine bessere Wirkung erzielen, so müssen dieselben noch in das Holz eingelassen werden.

Die Bänder sind für die Türen und Fenster zur Bewegung und Verbindung sehr wichtige Teile.

Das Lang- und Kurzband wird hauptsächlich für Lattentüren, Fensterläden usw. verwendet. Es wird quer über das Holz gelegt und aufgeschraubt. Zur ersten Schraube wird des größeren Haltes wegen eine Mutterschraube verwendet.

Das Schippenband wird viel für einfache Türen verwendet.

Das Winkelband unterscheidet sich von dem Schippenband durch die rechtwinklig abgebogene Verlängerung des Bandlappens, wodurch auch an Türen, Fenstern, Läden usw. die Eckbänder in Wegfall kommen.

Das Kreuzband hat, wie der Name sagt, kreuzförmige Lappen.

Das Fischband ist das bei Bauschreinerarbeiten meist verwendete Band.

Das Aufsatzband hat seinen Drehpunkt weiter wie die übrigen vor der Tür, wodurch die letztere beim Drehen mit einer gewissen Ausladung frei herumgetragen wird.

Das Scharnierband wird meistens bei Möbeln, bei Bauarbeiten weniger verwendet und besonders nur in Fällen, wo der drehbare Gegenstand nicht ausgehängt werden soll.

Das Zapfenband wird nicht hinten, sondern oben und unten an den Türkanten befestigt.

Zum Feststellen, Öffnen, Schließen usw. der Fenster, Läden und Türen dienen die verschiedenen Arten von Riegeln usw. wie Schiebriegel, Kantenriegel, einfache und doppelte Vorreiber, Ruderverschluß, Basküleverschluß, Schwengelverschluß, Türselbstschließer und die verschiedenen Arten von Schlössern, wie Fallschlösser, Riegelschlösser, Kastenschlösser, Einsteckschlösser, Basküleschlösser usw.

Die Tür- und Fensterbeschläge, wie Aufstellvorrichtungen für Fensterflügel, Festhaltungen, Zuwerfvorrichtungen für Türen usw. sind so verschiedenartig vertreten, daß es unmöglich ist, hier näher darauf einzugehen.

5. Kunstverglasung.

Unter Kunstverglasungen versteht man solche, an Schreinerarbeiten eingesetzte Verglasungen, welche entweder durch besonders feinen Schliff, Fasettschliff, oder aber durch kunstvolles Zusammensetzen von ein- oder verschiedenfarbigen Gläsern, zu ganzen Ornamenten und Figuren in Metall gefaßt, hergestellt sind.

Es gehören natürlich auch die feineren Spiegelgläser hierzu.

Die Verglasung von Schränken hat zweierlei Zweck.

Bei der Anwendung von durchsichtigem Glas sollen die in Schränken befindlichen Luxus- oder Gebrauchsgegenstände sichtbar und vor Staub geschützt sein. Undurchsichtige Verglasungen werden da angewendet, wo man den Schrankinhalt nicht störend sehen soll, oder wo dies die zur Verwendung kommende Glasart nicht zuläßt.

Bei dem weißen Glas unterscheidet man verschiedene Qualitäten: Gewöhnliches, dreiviertelweißes und kristallweißes Glas.

Außerdem glattes Glas oder solches mit Fasettschliff.

Bei dem farbigen Glas unterscheidet man glattes, ornamentiertes, gekörntes oder gerieftes Glas usw.

Das ornamentierte Glas besteht größtenteils aus kleinen geometrischen Motiven, wie Sternen usw., welche in Formen gepreßt oder gegossen sind.

Das sogenannte Kathedralglas ist ein mattes, unebenes, aber außerordentlich dekorativ wirkendes Glas.

Ein früher zu Kunstverglasungen viel verwendetes Glas ist das sogenannte Opaleszensglas, welches zum Teil etwas durchsichtig und zum Teil auch undurchsichtig ist.

Die Metallfassungen dieser Kunstverglasungen bestehen aus Blei, Messing, Kupfer und sind teilweise matt poliert oder oxydiert.

Auf feingeschliffenes Fasettglas sind bei hochfeiner Ausführung oft auch noch Goldornamente aufgesetzt.

Bei den Glaseinlagen zu Spiegeln unterscheidet man glatte gewöhnliche Spiegel und fasettierte geschliffene Spiegel in feiner Qualität.

Die Spiegelgläser für die gebräuchlichsten Möbel, wie Waschtische, Spiegelschränke usw. werden in den gangbarsten Größen auf Lager hergestellt und stellen sich daher im Preise auch wesentlich billiger als solche, welche einzeln nach einer bestimmten Größe ausgeführt werden müssen.

Außerdem sind dieselben auch größtenteils sofort lieferbar.

Es empfiehlt sich daher bei gewöhnlichem Bedarf, sich vor Ausführung eines solchen Möbels nach den Maßen der Preislisten solcher Lieferanten zu richten.

Sämtliche Verglasungen werden bei Möbeln in Falz eingelegt und hinten befestigt.

Nur Spiegel werden oft von vorn mit Zierschrauben aus Metall aufgeschraubt oder durch Winkel festgehalten.

Schwere Spiegelgläser wie bei Kleider- und Spiegelschränken werden auf Korkstücke aufgestellt.

Auch erhalten alle Spiegeleinlagen hinten zum Schutze Holzauflageplatten.

Wie auch heute durch die Formengebung der Möbel eine vornehme Einfachheit und Zweckmäßigkeit geht, so ist auch die Anwendung von Gläsern und Spiegeln auf das Einfachste und Zweckmäßigste beschränkt.

Zu bunte und lebhafte, unruhige Füllungen oder Auflagen kommen heute nicht in Frage.

6. Auflage- und Einlageplatten von Glas, Marmor, Metall, gebranntem Ton usw.

Zum Schutze von Möbeln, zur dekorativen Ausgestaltung oder zur besseren praktischen Verwendung derselben, werden Platten aus vorgenannten Materialien auf- oder eingelegt.

Zum Schutze von Tischplatten an Büfetts, kleinen Ziertischen, ebenso als Einlageböden in Zier- und Bücherschränken werden Platten aus stärkerem Glas auf- oder eingelegt.

Dieselben erhalten oft vielfach noch eine Unterlage von Stoff aus Seide, Rohrgeflecht oder ähnlichem.

Ebenso können gebrannte Platten aus Ton, gewöhnliche oder mit Scharffeuerglasuren versehen, zu ganzen Füllungen an Tischplatten und Rückwänden von Büfetts, Kredenzschränken, Tischen, Waschtischen usw. zum Einlegen verwendet werden.

Von den keramischen Werken werden in wunderbar irisierenden Farben solche Kunsteinlageplatten mit Scharffeuerglasuren und ähnlichem geliefert.

An Tischplatten, besonders bei Schreib- und Bürotischen, werden auch Platten mit Stoffen, Leder oder Linoleum zur praktischen Benutzung überzogen, ein- und aufgelegt.

Für Waschtische und Nachttische werden Platten oder ganze Aufsätze aus Marmor verwendet. Von den verschiedenfarbigen Marmorarten wird für diese Zwecke am meisten der weiße und schwarze Marmor verwendet.

Bei dem weißen Marmor unterscheidet man ebenfalls verschiedene Arten. Am häufigsten verwendet wird der Carrara-Marmor, „Blanc-clair“, und eine feinere „milchweiße Art“.

Der schwarze und graue Marmor ist eine belgische Muschelart.

Wie bei Spiegelplatten, so hat man auch bei Marmorbelegplatten gewisse gangbare Größen auf Lager und empfiehlt es sich bei Ausführung von Möbeln, sich vorher nach diesen Größen zu richten, da hierdurch eine billigere Anschaffung und raschere Lieferung ermöglicht ist.

7. Leder- und Polsterarbeit.

Das Überziehen oder vielmehr Polstern von Sitzmöbeln mit Leder und Stoffen ist für den Schreiner sehr wichtig, da er die hierfür bestimmten Möbel besonders danach zu bauen und oftmals auch die entsprechenden Farben, Formen und Güte der Überzugsstoffe zu bestimmen hat.

Das Polstern hat den Zweck, Sitz und Lehnen weich und elastisch zu machen.

Man unterscheidet zwei Arten von Polsterung:

1. Vollständiges Überziehen von Möbeln, wie Sofas, Couchs, Polstersesseln usw,;

2. teilweises Überziehen von Möbeln, wie Stühlen, Sofas, Lehnsesseln usw.
3. Eingelegte oder aufgelegte wegnehmbare Polsterkissen und Belage.

Bei der Polsterung eines Möbels unterscheidet man drei Dinge:

a) das Gestell,
b) die Federungen und Rohstoffe,
c) Das Überzugsmaterial oder Einlagen.

Bei der Herstellung der Gestelle muß der Schreiner den Tapezierer hören, um die richtige Höhe, Breite und Stärke der Holzzargen für die Polsterung bestimmen zu können. Eine besondere Rolle bei der Polsterung spielen die Sprungfedern.

Für ein hohes, schweres Polster muß auch das Untergestell kräftig in den Formen sein. Bei zwei- bis dreiteiligen Lehnpolstern müssen aufrechtstehende Mittelstücke angebracht werden und mit Schlitzen zum Durchziehen des Rohstoffes versehen sein.

Die Art der zum Überziehen von Möbeln verwendeten Stoffe, Leder usw. ist sehr mannigfaltig. Man unterscheidet glatte, gemusterte und abgepaßte Stoffe, glattes Leder, auch gepreßtes oder getriebenes und geschnittenes Leder.

Ein sehr gern verwendetes und dauerhaftes Überzugsmaterial ist Tuch. Besonders die stahlgrauen Tuche und die roten und blauen französischen Militärtuche sind viel und gern verwendet worden.

In vielen Farben und Schattierungen wird auch der einfarbige Wollrips gern und allgemein benützt.

Außerdem werden eine Menge gemusterter Stoffe von Teilfabrikaten aus Seide, Baumwolle, Leinen usw. zum Überziehen von Möbeln benützt.

Wachstuch, Schafleder, Kalbsleder, Rindsleder, Safian, Schweinsleder, Krokodilhaut usw. werden auch für Polsterungen benützt.

Rindsleder wird auch besonders zu geschnittenen und getriebenen Arbeiten verwendet.

Besonders wird Leder da benützt, wo der Überzug dauerhafter sein soll wie bei Gebrauchsmöbeln, wie Lehnsesseln, Stühlen usw.

Das Leder wird entweder naturfarben oder gefärbt in Verwendung zu Möbeln genommen.

Billiger wie geschnittenes Leder ist dasselbe in Formen gepreßt, genarbt oder ornamentiert.

Für feinere Möbel werden zur Überpolsterung Mockett, Moheurs und Seidenstoffe verwendet.

Wie auch im ganzen Möbelbau in der jetzigen Zeit einfache Gestaltung und Zweckmäßigkeit erste Bedingung geworden ist, ebenso ist es mit der Anwendung von Überzugsstoffen.

Dieselben haben einfache Farben, auch etwas gemustert, und sind oftmals auch vollständig glatt.

Vor allen Dingen sind es die einfachen, farbigen Stoffe, welche zu einer einigermaßen soliden Polsterung heutzutage am meisten verwendet und gewünscht werden.

VII. Entwerfen und Formengebung.

1. Gestaltung der Möbel und Raumeinteilung.

Sehr häufig kommt besonders der kleinere Schreinermeister in die Lage, beim Einrichten einer Wohnung, auch um größere Aufträge zu erhalten, geeignete Vorschläge machen zu müssen.

In einem solchen Falle ist die Hauptsache, die richtige Beurteilung des Auftraggebers nach seiner sozialen Stellung und auch dessen für besagten Zweck verfügbaren Mittel sofort zu wissen.

Die Ausstattung einer Wohnung muß vor allen Dingen wohnlich und gemütlich, besonders aber praktisch und zweckmäßig sein.

Da es sich in den meisten Fällen um die Einrichtung von sogenannten Mietswohnungen handelt, so müssen die Möbel derart gebaut sein, daß dieselben überall einigermaßen praktisch und harmonisch zu einem Ganzen vereinigt aufgestellt werden können.

Eine solche Aufgabe geschmackvoll zu lösen, ist vielfach schwieriger als Möbel zu entwerfen und zu bauen, welche für einen bleibenden Raum bestimmt sind.

Trotzdem ist für das Neumöblieren einer Mietswohnung die Größe und Zahl der Zimmer zu wissen unbedingte Notwendigkeit.

Erst dann muß der in Aussicht stehende Auftrag durch geschickt gefertigte Zeichnungen und Vorschläge gewonnen werden.

Bei der Einrichtung einer Wohnung handelt es sich heute ganz besonders darum, ob die Wohnräume sich in einem mit allen Neuerungen neuzeitlicher Bauweisen eingerichteten Hause befindet, mit eingebauten Schränken, Gelassen usw., oder in einem älteren Mietshause. Die neuzeitlichen Wohnungen ermöglichen eine große Vereinfachung der Wohnungsausstattung und berücksichtigen sehr stark die derzeitigen wirtschaftlichen Verhältnisse.

Wie man Vereinfachung in der Zusammenstellung von Wohnräumen, wie z. B. das vereinigte Wohn- und Speisezimmer vornimmt, so geschieht es auch heute zum Teil mit einzelnen Möbelstücken. Bei kleinen

Wohn- und Eßzimmern hat man neuzeitlich statt dem Büfett den zusammengestellten Geschirr- und Silberschrank.

Für eine gute größere Wohnung sind etwa nachstehende Räume erforderlich.

1. Der Vorraum oder Diele soll mit Möbeln ausgestattet sein, die zu einem kurzen Aufenthalt und zur Kleiderablage dienen sollen. Der Raum muß also mit einer Einrichtung zum Ablegen der Kleider, einer Toilette mit Spiegel, einem kleinen Tisch und zwei Stühlen, oder Bank, oder Truhe versehen sein.

2. Das Wohnzimmer, der hauptsächlichste Aufenthaltsraum der Familie, soll bequem und behaglich ausgestattet werden. Eine gemütliche Ecke mit Polstermöbeln oder Couch und eine Leselampe, Tisch mit Stühlen, einem Zier- und Bücherschrank, einem Musikinstrument, Piano oder ähnlichem, Radio sind etwa die passenden Gegenstände.

3. Das Speisezimmer soll bestehen aus dem Büfett, der Anrichte, einem Ausziehtisch mit vier bis sechs Stühlen, einem beweglichen Serviertisch usw. Das Büfett ist heute fast ohne jeden Aufsatz mit einer Besteckeinrichtung und soll für Gläser und Geschirr reichlich Platz an Innenraum haben. Es soll eine halbe Längswand einnehmen.

Die Anrichte soll insbesondere die für die Speisen notwendigen Gebrauchsgegenstände enthalten und zur Aufstellung und evtl. Aufbewahrung dienen.

Der Tisch soll nicht zu hoch sein und eine breitausladende ausziehbare Tischplatte haben. Die Stühle sollen ebenfalls leicht und recht bequem zum Sitzen sein. Überzählige Stühle werden an die Wand gestellt.

4. Das Schlafzimmer, der wichtigste Erholungsraum des Menschen, soll nur das unbedingt Nötige enthalten.

Möbel in Formen mit Schmutz- und Staubecken sollen vermieden werden.

Zwei Betten mit Nachttischen, Ankleide- und Wäscheschrank mit Spiegel, ein paar Stühle, kleine Sitzbank oder Truhe, ein Frisiertisch usw. bilden etwa die Gegenstände eines Schlafzimmers.

Wo irgend möglich, soll der Waschtisch aus dem Schlafzimmer verschwinden und diese Gelegenheit in das anstoßende Badezimmer zweckmäßigerweise verlegt werden.

5. Das Badezimmer soll nur die Wasch- und Badegeräte enthalten.

6. Das Herrenzimmer, welches Arbeits-, auch Empfangszimmer des Herrn ist, soll recht behaglich eingerichtet sein.

Es soll enthalten: Schreibtisch mit bequemem Sessel, Tisch mit einigen bequemen, tiefgepolsterten Sesseln, Bücher- und Zigarrenschrank, Spiel- und Rauchtisch usw.

7. Das Gastzimmer soll einfach sein und bestehen aus Bett mit Nachttischen, Tischchen, zwei Stühlen, Kleiderschrank, evtl. Waschtisch.

8. Die Küche, ein sehr wichtiger Bestandteil der Wohnung, besteht größtenteils aus modernem Küchenschrank, Putzschrank, Tisch, zwei Stühlen.

Als Holz wird ein geringeres Holz, wie Fichte, Tanne usw., verwendet.

Zum Schutz und Fertigstellung dieser Möbel empfiehlt sich ein Anstrich mit Emailfarbe, da dieselben dann leicht abgewaschen werden können. Die Tischplatte wird praktischerweise mit einer Linoleumplatte belegt.

a) Konstruktiver Teil.

Der Zusammenbau eines Möbels bezüglich seiner Haltbarkeit ist in ziemlich umfassender Weise unter III B 1 dieses Buches dargetan und soll hier eigentlich nur noch einiges über den zweckmäßigen Bau eines Möbels gesagt werden.

Bei dem Bau, dem Entwurf eines Möbels, ist bezüglich seiner Brauchbarkeit in erster Linie seine praktische Verwendbarkeit festzustellen und leider kranken viele Möbel in dieser Hinsicht.

So muß z. B. der Schreibtisch eines Beamten anders eingerichtet sein wie derjenige für einen Kaufmann, und beide wieder anders als ein Damenschreibtisch, da die daran vorzunehmenden Arbeiten von Natur aus wesentlich verschieden sind.

Aber nicht allein die Berücksichtigung der daran vorzunehmenden Arbeiten, wie Größe der Platte, Aufsatz, Einteilung der Schubfächer und Laden ist für die Größe und Form des Möbels maßgebend, sondern auch möglichst die Größe und Maße der daran arbeitenden Personen.

Es soll sozusagen der Schreibtisch, wenn er bequem und zweckmäßig sein soll, angemessen werden wie ein Kleidungsstück.

Zweckmäßigkeit ist das Wichtigste bei der Gestaltung eines Möbels.

Haben die Kastenmöbel Beine oder Füße, so müssen dieselben vom Boden aus so hoch sein, daß eine gründliche Reinigung des Bodens ohne Schwierigkeiten erfolgen kann, oder aber die Möbel schließen durch Sockel mit dem Boden ab.

Die Möbel sollen außer der praktischen und bequemen Verwendbarkeit keine Abteilungen, Ecken und Löcher haben, in denen Staub sich leicht sammelt, und welche für die Reinigung schwer oder gar nicht zugängig sind. Alle Teile, wie Türen, Schubkasten usw., müssen bequem zu erreichen und zu bedienen sein.

Häufig ist auch die Meinung verbreitet, das Echte und Gediegene im Möbelbau bestehe in massivem Holze.

Während früher bei den billigeren Holzpreisen der Schreinermeister in aller Ruhe Einlegeböden und Rückwände aus massivem Eichenholze gefügt hat, so würde man heutzutage dies als eine Verschwendung erachten. Der Neuzeit blieb es vorbehalten, die Furniertechnik nicht allein als dekoratives Schmuckmittel, sondern auch als hervorragendes Hilfsmittel zur Erhöhung der Dauerhaftigkeit unserer Möbel für den Zusammenbau anzuwenden.

Man sieht also, daß, um gute Möbel zu erbauen, jedes einzelne ein gutes Studium der besonderen Umstände erfordert.

b) Künstlerischer Teil.

Die künstlerische Gestaltung und Schmückung eines Möbels in den verschiedenen Techniken richtet sich ganz nach dem beim Möbel verwendeten Werkstoff und dem Auftraggeber.

Niemals dürfen künstlerische Zutaten oder Formen die praktische Verwendung eines Möbels beeinträchtigen. Während durch die Verzierungsweise bei manchen älteren Möbeln oftmals die praktische Seite vergessen worden ist, so zeugen unsere neuzeitlichen Erzeugnisse vom Gegenteil. Wir haben Gott sei Dank hier keine Möbel mehr, wie z. B. Bettstellen mit reich verkröpften Profilstäben und Stollen, an denen man sich häufig mehr oder weniger verletzen konnte, sondern einfache, praktische und stumpfe Formen, vielfach mit abgerundeten Kanten. Alle gedrehten Turmspitzen, Muschelaufsätze und weiterer unnützer Kram an unseren Büfetts, Schränken usw. verschwinden.

Die Einfachheit ist zur Zeit das höchste Ziel und das beste Mittel zum Bauen echter und gediegener Möbel und zur Hervorhebung der Naturschönheiten des Holzes.

Alle dekorativen Zutaten sollen geschmackvoll am richtigen Platz angewendet werden, nicht allein in schöner Formengebung, sondern auch in passendem Material.

Dem Holz sollen bei der Fertigstellung durch Beizen, Polieren usw. nicht nur seine naturschönen Maserungen usw. erhalten bleiben, sondern hierdurch noch mehr zum Ausdruck gebracht werden. Das Nachahmen besserer Holzarten durch Farbe usw. ist streng zu vermeiden.

Geringere Holzarten mit unsauberen Stellen, welche man zu Küchenmöbeln usw. verwendet, werden zweckmäßigerweise mit Deckfarbe, auch aus praktischen Gründen, überzogen.

Für die einfache Gesamtformengebung des Äußeren eines Möbels hat man in neuerer Zeit so viele und schöne Vorbilder, daß es uns nicht notwendig erscheint, hier diesen Stoff weiter zu behandeln.

2. Entwurfskizze.

Jeder Schreiner soll heute die Fertigkeit besitzen, sein Arbeitsstück zuerst in kleinerem Maßstab und darnach in natürlicher Größe aufzeichnen zu können, wenn er auch einigermaßen nach eingesandten Zeichnungen richtig arbeiten will.

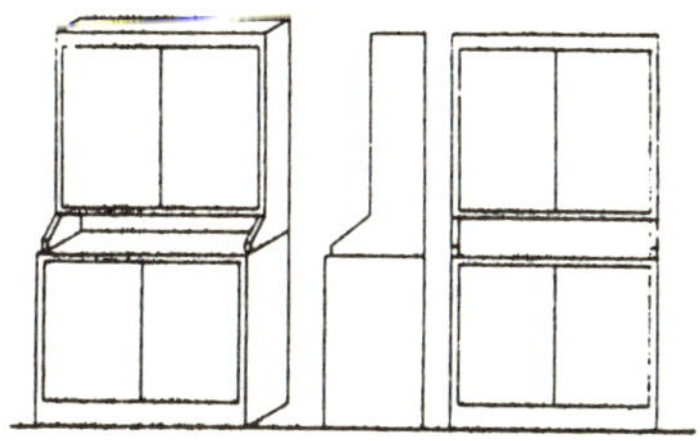

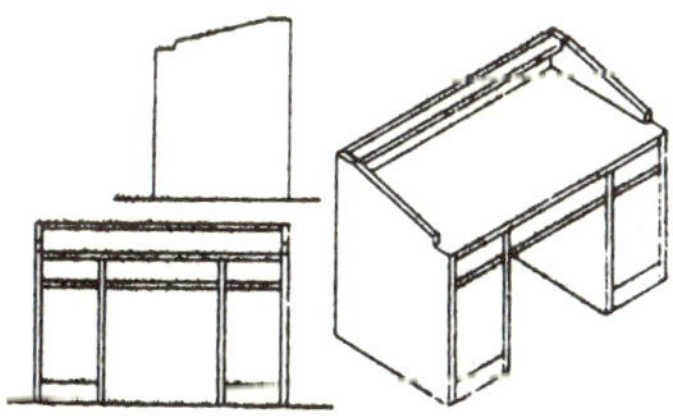

Abb. 240 und 241.

In besonderem Maße muß aber der kleinere Schreinermeister, der keinen besonderen Zeichner für sein Geschäft anstellen kann, in der Lage sein, seinen Kunden durch Herstellung von eigenen Entwürfen Vorschläge zu machen, um geeignete und lohnende Aufträge erhalten zu können.

Die Entwurfskizzen können in verschiedenen Arten mit Feder, Bleistift oder Pinsel dargestellt werden.

Man kann dieselben entweder in einem bestimmten Maßstab in geometrischer Ansicht wie Abb. 242 darstellen, wovon dann die Maße leicht genommen werden können, oder aber in schiefwinkliger Parallelprojektion, in isometrischer Darstellung (Abb. 240 und 241) und in winkliger Perspektive (Abb. 243).

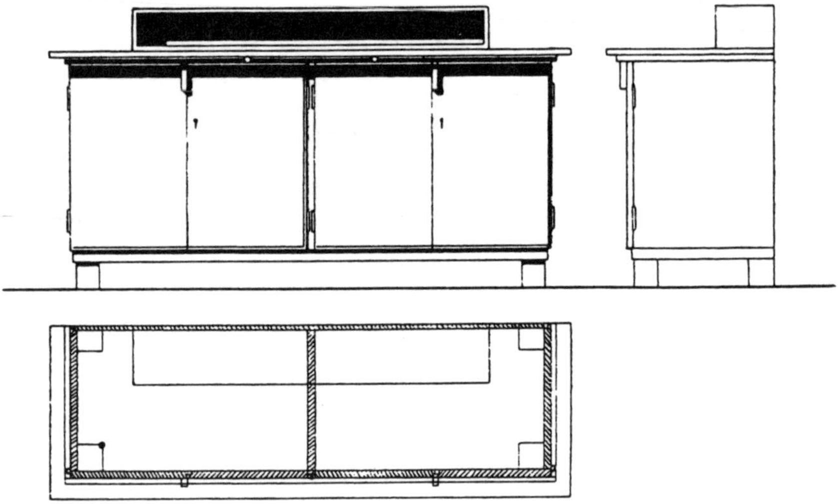

Abb. 242.

Für den einfachen Meister sind ohne besondere zeichnerische Vorkenntnisse die drei erstgenannten Arten leichter zu verstehen und zu zeichnen, als die letztere Art.

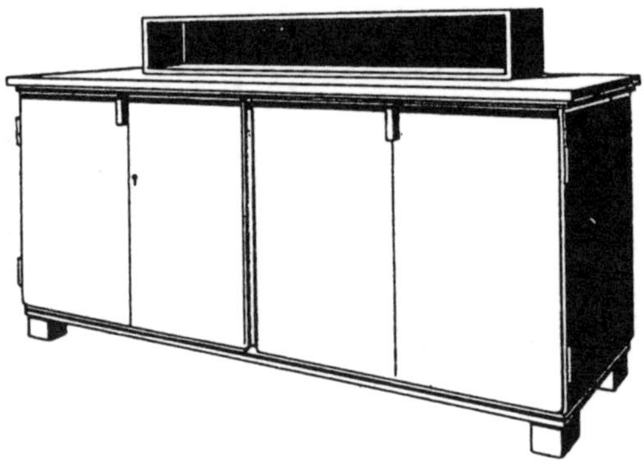

Abb. 243.

Dem Laien aber sind zur Beurteilung eines Auftrages jedenfalls die zeichnerischen Darstellungsweisen verständlicher und ansprechender, welche das ganze Möbel von verschiedenen Seiten erkennen lassen.

3. Werkstattzeichnung.

Vor der Ausführung eines Gegenstandes ist für den Schreiner eine sogenannte Werkstattzeichnung erforderlich.

Dieselbe muß in natürlicher Größe gezeichnet sein, unter Einzeichnung der Seitenschnitte und des Grundrisses sowie jeder Einzelheiten. Während in der Praxis größtenteils diese Einzeichnung der Schnitte in verschiedenen Farben in die Vorderansicht der Zeichnung erfolgt, so ist für eine klare Darstellung empfehlenswert, Seitenriß und Grundriß für sich zu zeichnen, wie bei III B 1 d, Abb. 151 und 152.

Die Detailzeichnung ist für das richtige Zuschneiden des Holzes schon eine unentbehrliche Sache.

Aus vorgenannten Darlegungen ist wohl ersichtlich, daß kein Schreiner es versäumen sollte, in der Jugend sich schon diese Zeichenkenntnisse zu erwerben, da dieselben, wie gesagt, für ihn unentbehrlich sind.

VIII. Veranschlagen.

1. Flächen- und Körperberechnung.

Während beim Einkauf des Holzes, insbesondere bei ganzen Stämmen, wie bereits unter I 3 a dargetan, die Körperberechnung nach Kubikmetern angewendet wird, so wird in der Werkstätte fast alles in Flächen mit Quadratmetern und Holzdicken gerechnet.

Ist nun das Holz für ein Stück Möbel- oder Bauarbeit zu berechnen, so müssen erst die Holzmaße in gleichen Stärken gruppenweise zusammengestellt werden.

Hat man Hölzer von verschiedenen Breiten, aber gleichen Längen und Stärken, so rechnet man die verschiedenen Breiten in einer Ebene zusammen.

Die Endsumme des Flächeninhalts mit qm ist nun mit dem Preis eines qm der betreffenden Holzstärke zu vervielfachen, worauf man den wirklichen Preis der Holzfläche erhält. Im übrigen sei auf die bereits unter I 3 a, Einkauf des Holzes, angeführte Holzberechnung hingewiesen.

2. Ermittlung der Selbstkosten.

Für den Großindustriellen, sowohl wie für den Kleinhandwerker ist die Berechnung der fertiggestellten Gegenstände, d. h. die Ermittlung der Selbstkosten und des Verkaufspreises von ganz besonderer Wichtigkeit.

Besonders bei den kleinen Handwerksbetrieben werden häufig Gegenstände billiger vom Mitbewerber angeboten, nur um ein Geschäft zu machen, und ohne zu rechnen, ob dies die eigenen Selbstkosten zulassen, ohne Schaden zu nehmen.

Oder andererseits werden, ohne besonders gewissenhaft zu rechnen, Preise verlangt, die jede Auftragerteilung unmöglich machen.

Der Wettbewerbsneid, lieber mit Verlust zu arbeiten, ist leider in Handwerksbetrieben noch viel vorhanden.

Jeder Betrieb und jede Werkstätte hat eine eigene Unkostenbasis, ihre besondere Werkstoffsbezugsquellen und eine eigene Verdienstspanne. Die Summe gewissenhafter Unterlagen und Ermittlungen geben die Grundlage für eine richtige Berechnung und einen entsprechenden Verdienst.

Der Handwerker und Fabrikant muß also genau die in einem Gegenstand enthaltenen Unkosten für Werkstoff, Hand- und Maschinenarbeit, Zutaten und die in seinem Betrieb sonst noch weiter entstehenden Unkosten feststellen und berechnen, erst dann ist er in der Lage, mit dem zulässigen Gewinn den Verkaufspreis richtig festzusetzen.

Davon hängt hauptsächlich die Lebensfähigkeit eines Geschäftes oder Betriebes ab und sind dabei vier Dinge besonders in Betracht zu ziehen. Das sind:

1. Der Preis der verwendeten Rohstoffe und sonstiger Gegenstände;
2. a) die Arbeitslöhne;
   b) die Kosten der Maschinenarbeit;
3. die verwendeten Zutaten;
4. die allgemeinen Geschäftsunkosten.

1. Bei der Feststellung des Preises von Rohstoffen, wie Holz usw., ist zur Ermittlung des wirklichen Selbstkostenpreises auch Fracht, Zoll, Roll- und Trinkgeld usw. zuzurechnen.

Wird nun zu einem Arbeitsstück Holz dem Lager entnommen, so ist der, wie vorerwähnt, zusammengestellte Werkstoffselbstkostenpreis in Betracht zu ziehen und maßgebend.

Kosten z. B. nun beim Einkauf 2 cbm Eichenholz

à RM. 300 =	600 RM.
Die Fahrkosten betragen	36 „
Der Zoll beträgt	— „
Das Rollgeld beträgt	15 „
Das Trinkgeld beträgt	3 „
	654 RM.

so beträgt also das Holz RM. 654.— Selbstkosten.

Zu den vorgenannten Selbstkosten des Rohstoffs müssen noch hinzukommen ein Hundertsatz für Zinsen des Rohstoffanlagekapitals, Unkosten durch Lagerung und Trocknen des Holzes. Das zu verarbeitende Holz ist nach Güte und mit den Maßen in eine Holzliste in einzelnen Teilen auszutragen, auch sind 10 bis 40 % oder mehr als Verschnitt zuzurechnen. Die Verschnittkosten können bei den verschiedenen Hölzern, ja sogar bei ein und demselben Holz ganz verschieden sein.

Auch weiter verwendete Teile, wie z. B. Furniere, Profilleisten, Nägel, Schrauben, oder auch Schmuckmittel, wie Drehereien, Holzschnitzereien, Intarsien, Beschläge, Gläser usw., kurz gesagt, alle Halbfabrikate und Zutaten sind mit den entstandenen Gestehungskosten auch für Bruch, Verlust usw. unter dem Kapitel Zutatenkosten zu berechnen.

Wenn oftmals bei der Berechnung der allgemeinen Unkosten über Pausch und Bogen ein gewisser Hundertsatz eingesetzt wurde, so ist dies falsch.

Unkosten sollen da nur verrechnet werden, wo dieselben entstanden sind. Da die Unkosten verschieden sind, so würden im vorerwähnten Falle Dinge verhältnismäßig gleich belastet und es entstände ein vollkommen falsches Bild der Unkosten.

Im Laufe der Zeit können allerdings in einem Geschäft auf Grund der gemachten Erfahrungen bei dem einen oder anderen Gegenstand ein bestimmter Hundertsatz ermittelt werden, der dann einen Maßstab für die Berechnung abgeben kann.

2. Als Selbstkosten an Löhnen wird stets der Normallohn oder Tariflohn eines tüchtigen Arbeiters angenommen. Erhält der Arbeiter durch besondere Leistungen einen höheren Lohn, so ist dies bei der Berechnung in Betracht zu ziehen.

Arbeitet der Meister selbst gewissermaßen als Gehilfe mit, so wird diese Arbeit ebenso berechnet.

Die Arbeit von Lehrlingen ist im Vergleich zu Gehilfenleistungen verhältnismäßig zu bewerten.

a) Die Lohnsätze sind auf Grund der wirklich aufgewendeten Zeit oder einer verläßlichen Schätzung zu machen, ebenso für die Beihilfe von Lehrlingen und Hilfskräften. Die Lohnkosten hängen sehr viel von der Art eines Betriebes ab, ob Werkstatt oder Fabrikbetrieb. Ist Arbeitsteilung möglich, so wird die nichtlohnende Tätigkeit des Facharbeiters verkürzt oder ganz ausgeschaltet.

Nichtlohnend ist die Beschäftigung eines Facharbeiters mit Dingen, die der Lehrling oder Hilfsarbeiter verrichten kann.

b) Auch bei der Maschinenarbeit kommt es ganz auf die Art des Betriebes an und sind auch hier in der Praxis ermittelte Sätze üblich. Der kleine Handwerksmeister wird seine Maschinen mehr als Hilfsmittel betrachten müssen. Stehen ihm dieselben tageweise still, so könnte dies mehr oder weniger als eine nichtlohnende Anlage bezeichnet werden.

Bei der Maschinenarbeit kommen zwei Arten der Berechnung in Frage:

c) Die Leistung und Beanspruchung der Maschinen allein.

d) Die Maschinen und ihre Bedienung.

Zu c/d müssen die Anschaffungskosten, Abnützung, Betriebskraft, Unterhaltung, Abschreibungen usw., ermittelt und in Rechnung gestellt werden. Bei durchlaufenden Betrieben ist die Unkostenberechnung, viel mehr die Berechnung der Maschinenarbeit für Maschine und Stunde viel leichter festzustellen, als bei einem einfacheren, nur stundenweisen Betriebe.

Auch hier hat die praktische Erfahrung Sätze ermittelt, die angewendet werden können, die aber örtlich oft recht verschieden sind. Hier ist ebenfalls eine gewissenhafte und sorgfältige Prüfung erforderlich, um nach kaufmännischen Grundsätzen sich vor Schaden zu schützen.

3. Bei der Berechnung von bezogenen Zutaten, wie bei Anwendung von Gläsern, Spiegeln, Marmor usw., sind die damit verbundenen Fracht- und anderen Kosten, wie Bruch, Versicherung usw., zuzurechnen.

4. Am schwierigsten jedoch sind die allgemeinen Geschäftsunkosten, welche verhältnismäßig zu den Selbstkosten gerechnet werden müssen, festzustellen.

Um verhältnismäßig diese allgemeinen Unkosten zu bestimmen, ist es nötig, die Jahresausgaben in dieser Hinsicht festzustellen.

Zu diesen allgemeinen Geschäftsunkosten gehören:

1. Verzinsung des Betriebskapitals;
2. Miete der Werkstätten, Büros usw.;
3. Heizung und Beleuchtung;
4. Steuern und Versicherungen;
5. Verzinsung der Einrichtungen:
   a) des Werkzeugs mit 5 %,
   b) der Maschinen mit 10 %;
6. Gehälter für Angestellte, wie Betriebsleiter, Werkmeister, Kaufleuten usw.;
7. Verschiedenes.

Die Feststellung dieser Unkosten schwankt normal nach praktischen Erfahrungen von 15—60 % und mehr.

Die allgemeinen Unkosten im Verhältnis zu den lohnenden Kosten der Arbeitslöhne sollen den Hundertsatz der wirklich entstandenen sogenannten allgemeinen Geschäftsunkosten ergeben, der bei der Berechnung in Ansatz gebracht werden muß.

Da die Verhältnisse für gleiche Betriebe örtlich und geschäftlich gesehen oft ganz verschieden sind, so können auch Löhne, Werkstoff und allgemeine Geschäftsunkosten ganz verschieden sein. Eine stete Nachprüfung des Geschäftsstandes in bezug auf die gesamten Unkosten, die sich ständig verändern können, ist daher unumgänglich notwendig, um einen angemessenen Verdienst zu sichern.

Es sollen daher alle diese Ausführungen nur ein Hinweis sein, was etwa bei einer richtigen Geschäftsführung alles in Betracht gezogen werden muß. Eine gleichmäßige Anwendung für irgendein Geschäft soll daher die nachfolgende Berechnung nicht werden, sondern nur ein Beispiel geben, wie es etwa gemacht werden kann. Es gibt viele Beispiele zur Ermittlung der Unkosten, bei denen aber nur äußerste Gewissenhaftigkeit das Richtige treffen wird.

Zur weiteren Belehrung und Vertiefung wird auf die Ausführungen von Dr. Rößle, handwerkliche Selbstkostenberechnung, die Ausführungen von K. Krechberger in der Zeitschrift „Fachblatt für Holzarbeiten" 1935 verwiesen. Auch außerordentlich beachtenswert sind Band 1 „Die Grundlagen der fachl. Schulung des deutschen Tischlerhandwerks" vom Reichsinnungsverband für das Tischlerhandwerk in Berlin von 1937.

Der Reichskommissar für Preisüberwachung hat schon im Jahr 1934 eine Verordnung erlassen, wonach Formblätter mit Kostenberechnungen in die Preiszahlen eingesetzt sind, nicht versandt werden sollen. Der Handwerker soll selbständig denken und seine Arbeiten zu berechnen lernen.

3. Ermittlung des Verkaufspreises.

Die Ermittlung und Feststellung des Verkaufspreises ist sehr verschieden und hängt ganz und gar von der Art des Gegenstandes ab.

In den meisten Fällen bedingt schon der Wettbewerb eine mäßige Berechnung in dieser Hinsicht.

Bei der Herstellung von Massenartikeln kann bei sehr niederem Gewinnansatz durch großen Umsatz ein schöner Gewinn erzielt werden.

Bei der Herstellung von Einzelgegenständen muß daher naturgemäß ein größerer Hundertsatz als Gewinn angesetzt werden.

Nachstehend geben wir die Unkostenberechnung eines Möbels.

Berechnungsliste Nr.....

Komm.-Nr.... Lieferungstermin...
Modell-Nr.... Aufgabe an die Werkstatt...
Entworfen von...
Ausgeführt von der Firma... Ablieferung...
Besteller...

Gegenstand: 1 Standuhrgehäuse in Eichenholz mit Bronzebeschlägen, Fasetteverglasung, Holzschnitzerei und gedrehten Säulen.

Berechnung einzelner Holzbestandteile.

Anzahl	Bestandteil	Holzart	Länge	Breite	Dicke	Gesamt
2	Seiten	Pappel	1,55	0,15	0,25	0,25
2	„	„	0,60	0,30	0,25	0,36
1	Leiste	„	2.20	0,04	0,25	0,09
1	„	„	0,80	0,08	0,25	0,06
1	Platt	„	0,44	0,34	0,20	0,15
1	Boden	„	0,38	0,28	0,18	0,11
1	„	„	0,38	0,20	0,18	0,08
1	„	„	0,38	0,23	0,18	0,09
1	„	„	0,42	0,24	0,18	0,09
1	Rückwand . . .	Pappel	0,38	0,38	0,18	0,14
1	Türfüllung . .	„	0,42	0,24	0,10	0,10
1	Türfries . . .	Eiche	1,23	0,06	0,25	0,07
1	„ . . .	„	0,53	0,07	0,25	0,04
2	Säulen	„	0,95	0,05	0,25	0,05
1	Hirnleiste . . .	„	1,30	0,04	0,25	0,05
1	Leiste	„	0,35	0,07	0,25	0,02
1	Gesims	„	1.34	0,07	0,25	0,09
2	Eckleisten . .	„	0,95	0,03	0,25	0,06
2	Hirnleisten . .	„	0,30	0,03	0,25	0,02
1	Leiste	„	0,34	0,05	0,30	0,02
1	„	„	0,34	0,04	0,30	0,02
1	Türfries . . .	„	0,30	0,07	0,20	0,02
2	Türfriese . . .	„	0,30	0,03	0,20	0,02
2	„ . . .	„	0,86	0,03	0,20	0,05
4	„ . . .	„	0,35	0,04	0,18	0,06
1	Rahmenstück .	„	0,35	0,12	0,18	0,04
1	„ .	„	0,35	0,08	0,18	0,03
2	Rahmenstücke .	„	1,06	0,04	0,18	0,09
1	Rückwandfries .	„	0,38	0,28	0,18	0,11
1	„ .	„	3.40	0,06	0,18	0,20
1	Sockel	„	1,30	0,08	0,18	0,10
1	Fußstück . . .	„	0,32	0,08	0,18	0,03
1	Verdopplung . .	„	0.95	0,04	0,18	0,04
1	Leiste	„	0,36	0,05	0,15	0,02
1	Gesims	„	0,92	0,07	0,15	0,06
1	Einlagboden . .	„	0,36	0,25	0,15	0,09
1	Rückwandfüllung	„	0,48	0,29	0,10	0,14
1	„	„	0,98	0,29	0,10	0,19

Zusammenstellung der Einzelberechnungen.

Holzart	Masse	RM	Preis p. RM ℳ	Preis p. RM ₰	Wert Bestandteil ℳ	Wert Bestandteil ₰	Gesamt ℳ	Gesamt ₰
Pappel . . .	0 10 mm	0,10	2	30	0	12		
„ . . .	0.20 „	0,66	1	90	1	25		
„ . . .	0.25 „	0,75	1	90	1	75		
Eiche	0,10 „	0.31	2	30	—	71		
„	0,15 „	0.21	3	—	—	63		
„	0,20 „	0,75	3	80	2	85		
„	0,30 „	0,06	5	30	—	31		
„	0,25 „	0,40	4	50	1	80		
					9	42		
Verschnitt 30 %					2	83	12	25
Drechslerarbeiten.								
Zwei gedrehte Säulen					1	20	2	40
Bildhauerarbeiten.								
Eine geschnitzte Füllung					4	—	4	—
Zwei geschnitzte Säulen					2	—	4	—
Malerarbeiten.					—	—	—	—
Beschläge.								
Zwei kleine gewöhnliche Scharniere					—	45	—	90
Zwei größere gewöhnliche Scharniere					—	65	1	30
Zwei Kugelschlösser					—	35	—	70
Zwei Henkel					1	10	2	20
Ein Schlüsselschild mit Henkel					1	70	1	70
Ein Einsteckschloß mit Schlüssel					1	25	1	25
Gesamt der Zutaten an:								
Holz							12	25
Furnitüren							6	50
Beschlägen							8	05
Maschine							6	—
Besondere Zutaten, Fasetteverglasung							14	—
Arbeitslöhne							36	—
Drechslerarbeiten							2	40
Bildhauerarbeiten							8	—
Malerarbeiten							—	-
Zuschlag für Unkosten auf Arbeitslöhne 60 % . .							21	60
Selbstkosten							84	80
Gewinn 10 %					8	48	93	28

Verkaufspreis RM. 95.—.

4. Vergebungswesen.

Das Vergebungswesen von Privat-, Gemeinde- und Staatsarbeiten ist auch für den Schreinermeister von besonderer Bedeutung.

Die Reichs- und Länderregierungen sowie Stadtverwaltungen, Baubehörden usw., in Verbindung mit dem Reichsinnungsverbande des Schreinerhandwerks, haben sich bemüht, die Auswüchse im Vergebungswesen zu beseitigen und gesunde Richtlinien dafür zu schaffen.

So sollen z. B. Unternehmer von Behörden nur Aufträge erhalten und mit ihren Angeboten Berücksichtigung finden, die in gesunden wirtschaftlichen Verhältnissen leben, ihren steuerlichen und allgemeinen Verpflichtungen nachkommen, außerdem durch fachliches Können eine ordentliche Arbeit gewährleisten.

Die Vergebung verfolgt den Zweck, jede Begünstigung zu vermeiden und für eine gute Werkstofflieferung oder Arbeitsleistung den geeignetsten Unternehmer zu finden.

Man unterscheidet zwei Arten von Vergebung:

1. die gewöhnliche öffentliche Vergebung,
2. die beschränkte Vergebung.

Bei der öffentlichen Vergebung werden die zu vergebenden Arbeiten öffentlich ausgeschrieben, und sind die Anerbieten den vorher bekanntgegebenen Bedingungen entsprechend zu einem festgesetzten Zeitpunkt schriftlich einzureichen.

Zur Eröffnung der Angebote haben nur die Bewerber oder deren Bevollmächtigte Zutritt. Für den Zuschlag der Arbeit ist eine gewisse Frist vorbehalten.

Wenn auch vielfach bei dem Zuschlag von Arbeiten nicht die niedrigste Geldforderung vorzugsweise zu berücksichtigen ist, so erhält doch leider größtenteils der Mindestfordernde den Auftrag, besonders bei Privataufträgen.

Gerade das letztere ist schon manchem Geschäftsmann zum Verderben geworden, der seine Arbeit nicht ordentlich berechnet hat und aus Geschäftsneid, nur um die Arbeit zu erhalten, Angebote gemacht hat, bei welchen er nicht einmal auf seine eigenen Kosten kommen kann.

Auch einer schlechten unpünktlichen Arbeit ist damit Tür und Tor geöffnet, und sind auch Fälle zu verzeichnen, bei denen diese Arbeiten vom Auftraggeber überhaupt nicht abgenommen wurden, ja dieselben hatten sogar noch eine Geldstrafe im Gefolge.

Bei solchen Aufträgen durch öffentliche Vergebung und vertragsmäßigen Abschluß sind in der Regel bestimmte Lieferfristen mit verbunden, welche bei Nichteinhaltung derselben feste oder von Tag zu Tag sich steigernde Versäumnisstrafen nach sich ziehen.

Diese Versäumnisstrafen sind besonders zu berücksichtigen, da dieselben nicht allein einem Meister den Verdienst nehmen, sondern denselben noch erheblich übersteigen können.

Vor der öffentlichen Ausschreibung von Arbeiten wird vom Auftraggeber eine Kostenberechnung auf natürlicher Grundlage festgelegt, welche geheimgehalten und bei der Beurteilung der Einlieferungen und Angebote in Betracht gezogen wird.

Angebote, welche so niedrig sind, daß deren Ausführung und Lieferung in Güte unmöglich erscheinen, sollten dann keine Berücksichtigung finden.

Die beschränkte oder engere Vergebung von Arbeiten erfolgt in der Weise, daß nur eine kleinere ausgewählte Zahl von Geschäftsinhabern zur Einlieferung von Angeboten eingeladen wird.

Bei ziemlich gleichwertigen Angeboten erhält in der Regel der Mindestfordernde den Zuschlag der Arbeit.

In allen Fällen ist der Zuschlag vorbehalten.

Für den Geschäftsmann jedoch ist der einzig richtige Weg, seine Arbeiten in solchen Fällen gewissenhaft und annehmbar zu berechnen. Erhält er die Arbeit, so kann er dann dieselbe meisterhaft ausführen, erhält dieselbe ein Minderfordernder, so ist er vor einem etwaigen Schaden bewahrt.

IX. Betriebs- und Geschäftskunde.

Geschäftseinrichtung.

Die zweckmäßige Raumgestaltung und Einrichtung einer Schreinerwerkstätte ist für die Wirtschaftlichkeit des Unternehmens von besonderer Bedeutung.

In der holzverarbeitenden Industrie spielt die Aufstellung der Arbeitsmaschinen eine große Rolle, sie beeinflußt den Arbeitsgang und damit die Arbeitszeit sehr erheblich. Die Wahl der Arbeitsmaschinen muß nach der Beschäftigungsart und der Notwendigkeit erfolgen.

1. Anlage einer kleineren Schreinerwerkstatt.

Eine kleinere Schreinerwerkstätte, mit welcher ein Meister mit einem Gehilfen und etwa zwei Lehrlingen einigermaßen wettbewerbsfähig arbeiten soll, muß auch naturgemäß mit der nötigen Einrichtung an Platz, Werkzeug, Maschinen und Holzlager versehen sein.

Die Werkstätte muß zunächst eine Größe und Lage haben, daß ein Raum genügend Licht und Platz für die Aufstellung der Hobelbänke, 1 Bandsäge und mit vereinigten Arbeitsmaschinen (Abricht- und Dicktenhobelmaschine, Kreissäge, Langlochbohrapparat und Fräsvorrichtung) gewährt (Abb. 244).

Die einzelne Hobelbank soll neben sich noch so viel Platz haben, daß ein größeres Möbel bequem zusammengebaut werden kann.

Die Bandsäge muß eine Aufstellung erfahren, daß in der Schnittrichtung zum Durchschieben der Bretter genügend Platz ist.

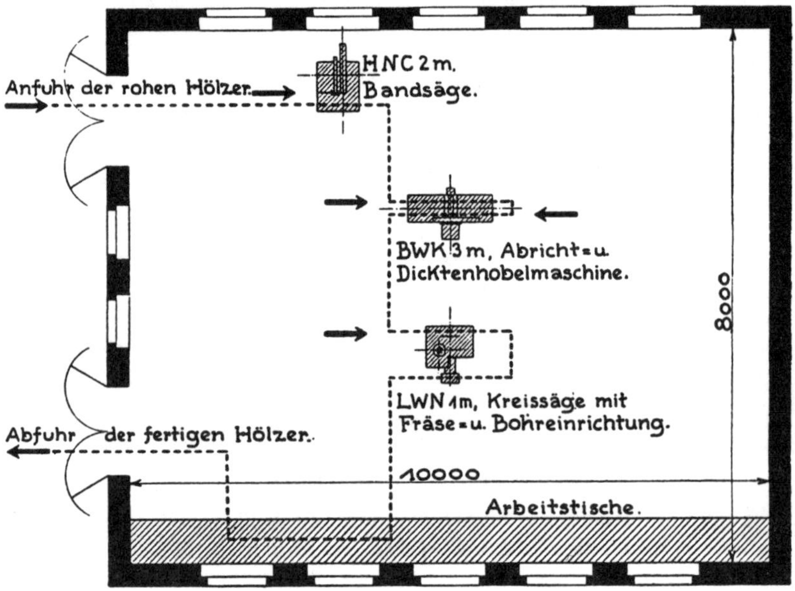

Abb. 244. Anlage einer kleinen Schreinerei.

Neben jeder Hobelbank muß ein sogenannter Werkzeugschrank aufgehängt werden mit je einem Satz Werkzeug, wie unter II B 1 bereits aufgeführt und für den einzelnen Mann bestimmt ist.

Ebenso ist unter II B 1 das gemeinschaftliche Werkzeug aufgeführt, das in einem besonderen Schrank vorhanden sein soll.

Für die Größe der Werkstätte ist ein entsprechender Leimofen erforderlich.

In der Nähe des Leimofens ist zum Holztrocknen ein entsprechend großes Hängegerüst an der Decke anzubringen, um vor dem Verarbeiten frisch zugeschnittenes Holz noch besser trocknen zu können.

Ein guter Schleifstein, sogenannter Rutscher, ist für den Schreiner unerläßlich.

Für die Fertigstellung der Möbel, wie Beizen, Lackieren, Polieren usw., ist ein besonders abgegrenzter Raum erforderlich, der gut erwärmt werden kann und staubfrei ist, was gerade für lackierte oder polierte Arbeiten dringend notwendig ist.

Ebenso wie für ein leistungsfähiges Geschäft eine gute Werkzeugeinrichtung Bedingung ist, ebenso notwendig ist ein entsprechend großes Holzlager.

Da in den meisten Fällen bei einem kleineren Geschäft nicht immer das Kapital für die Beschaffung eines größeren Holzlagers vorhanden ist, so empfiehlt es sich, nach und nach durch Gelegenheitskäufe direkt im Walde sich Holz zu erwerben und das Lager von Jahr zu Jahr zu erweitern zu suchen.

Über die Art und Weise der Holzbehandlung und Aufbewahrung ist unter I 3 c geschrieben.

2. Anlage einer mittleren mechanischen Bau- und Möbelschreinerei.

Da heute die meisten Werkzeugmaschinen direkt von eingebauten Elektromotoren angetrieben werden, fallen alle Wellenleitungen, Vorgelege usw. weg. Es ergibt sich dadurch eine außerordentliche Erspar-

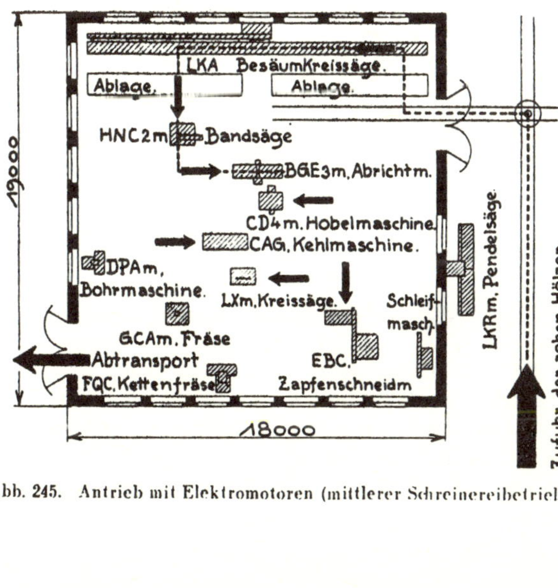

Abb. 245. Antrieb mit Elektromotoren (mittlerer Schreinereibetrieb).

nis an Kraft, Raum und eine Freizügigkeit in der Aufstellung der Maschinen.

Abb. 245 zeigt eine solche Anlage.

Abb. 246 zeigt im Gegensatz dazu dieselbe Einrichtung mit Wellenleitungsantrieb.

Bei beiden Anlagen ist noch die Aufstellung einiger Hobelbänke möglich, doch ist bei einem größeren Betrieb es zu empfehlen, die Ar-

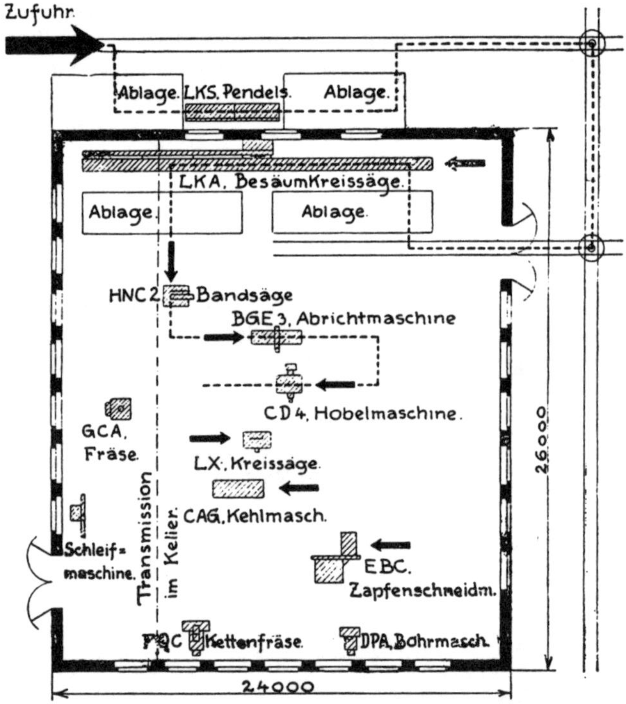

Abb. 246. Anlage einer mittleren Schreinerei (Antrieb mit Wellenleitungen).

beitsstätte für den Zusammenbau und Fertigstellung der Arbeit außerhalb des Maschinensaals in einen gesonderten Raum zu legen. Wie ersichtlich, ist die Aufstellung der Maschinen so angeordnet, daß ungehindert eine folgerichtige Bearbeitung des Holzes vorgenommen werden kann.

An beiden Anlagen ist bei gleicher Einrichtung die Unterschiedlichkeit zwischen Wellenleitungsantrieb und direktem elektrischen Antrieb der einzelnen Arbeitsmaschinen klar ersichtlich.

An Maschinen bei diesen beiden Anlagen sind vorgesehen:

1 Bandsäge, 1 Pendelsäge, 1 Besäumsäge, 1 Universaltischlerkreissäge, 1 Universalabricht- und Dicktenhobelmaschine, 1 Tischfräse, 1 Zapfenschneid- und Schlitzmaschine, 1 Kettenfräse, 1 Kehlmaschine, 1 selbsttätige Schärfmaschine.

3. Anlage einer größeren mechanischen Schreinerei oder Fabrik mit ununterbrochenem Maschinenbetrieb.

Bei der Betriebsorganisation einer Fabrik, sei es zur Herstellung von Massenartikeln oder größeren Einzelmöbeln, werden durch Arbeitsteilung ganz beträchtliche Vorteile erreicht.

Der Maschinensaal zum Zuschneiden, Aushobeln, Fräsen, Schlitzen, Stemmen, Aussägen und Schleifen des Holzes usw. ist völlig von den übrigen Arbeitsräumen zu trennen.

An den Maschinenraum gliedert sich der Zurichtsaal an, in welchem die Hölzer zu Rahmen, Füllungen, Platten usw. verleimt werden.

In demselben Raum befindet sich meistens auch noch die Furnierabteilung.

Von hier aus kommen diese Arbeitsstücke in die eigentliche Schreinerwerkstätte, wo nun die ganzen Möbel zusammengebaut werden.

Vor dem vollständigen Verleimen des ganzen Möbels, welches poliert werden soll, kommt dasselbe in die Polierstube, wo die einzelnen Teile nun durch besondere Facharbeiter fertig poliert werden.

Möbel, welche gebeizt werden, kommen von der Schreinerwerkstätte voll und ganz fertiggestellt in die Beizwerkstätte. Bevor jedoch das eigentliche Beizen vollzogen wird, werden die Möbel mittels Salmiakdämpfen vorgeräuchert.

Die Fertigstellung der Möbel, welche gepolstert werden, erfolgt in der Polsterwerkstätte.

Die vollständige Fertigstellung der Möbel durch Einlegen von Gläsern, Spiegeln, Anbringen von Beschlägen usw. erfolgt aber in der Montierabteilung.

Zur vollständigen Einrichtung einer solchen Fabrik gehört auch eine Dampfholztrockenanlage, wie unter I 3 f erwähnt.

Für eine solche Anlage kann nach Umständen als Betriebskraft nur eine stationäre Dampfmaschine, Sauggasanlage oder Lokomobile oder ähnliche Kraftanlage in Betracht kommen, da der Abdampf des Kessels noch zu verschiedenen Zwecken, wie Leimwärmung, Holztrocknung,

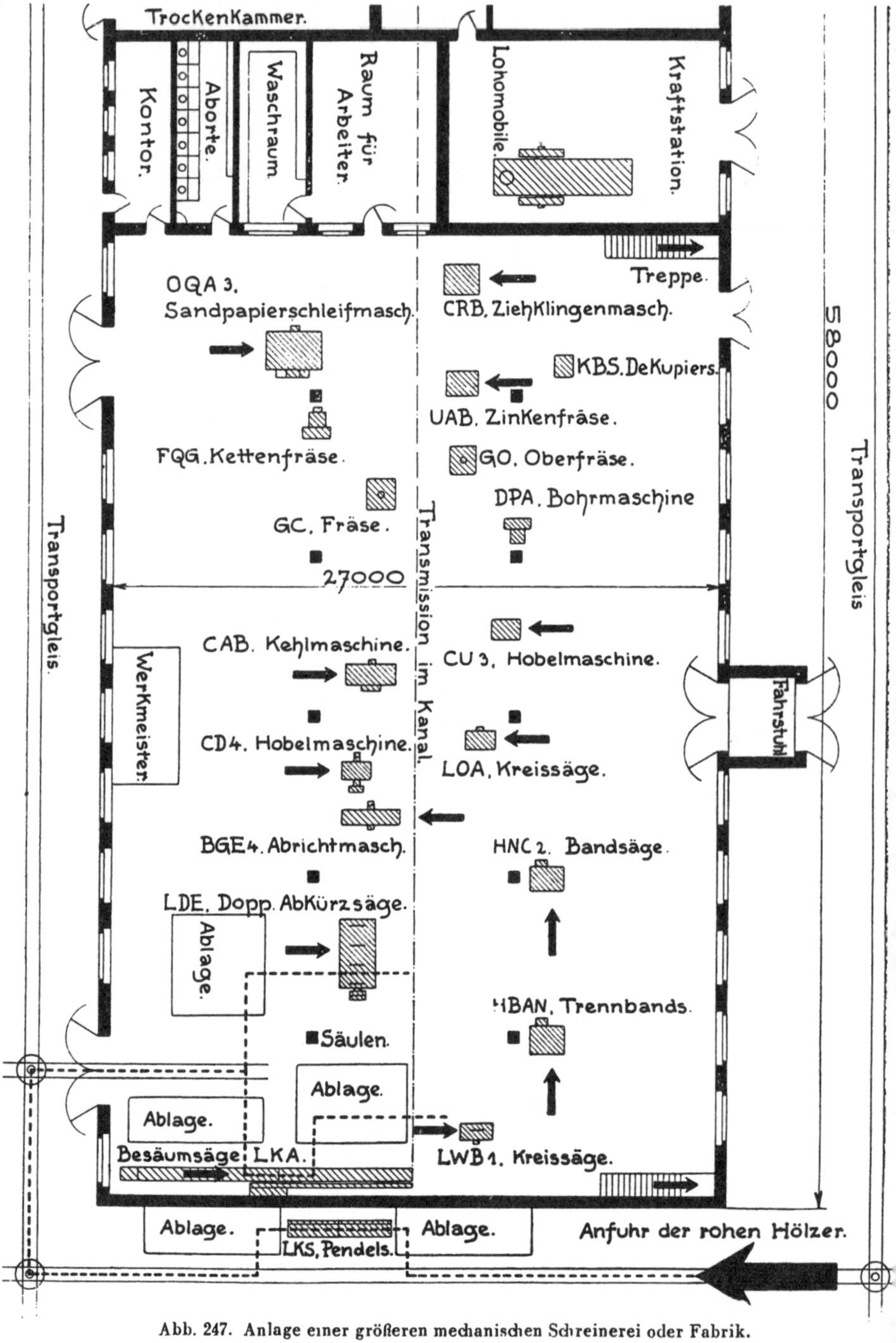

Abb. 247. Anlage einer größeren mechanischen Schreinerei oder Fabrik.

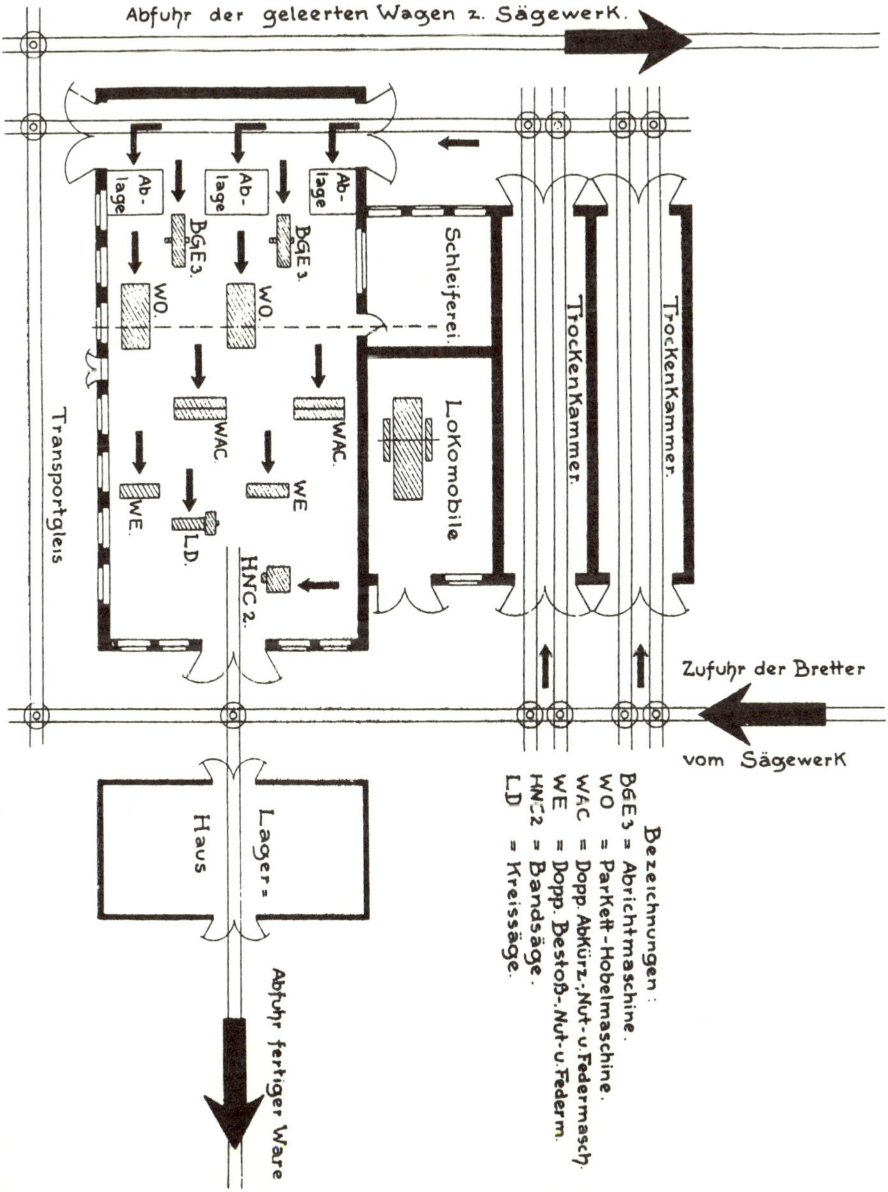

Abb. 248. Anlage einer Parkettfabrik.

zur Erwärmung der Furnierwerkzeuge, zur Heizung der Arbeitsräume usw. unentbehrlich ist.

Alles übrige Kleinwerkzeug ist zu beschaffen, wie es unter II 2/1, Werkzeug des Schreiners, dargetan ist.

Abb. 247 zeigt den Maschinensaal einer solchen Fabrikanlage.

An Maschinen für eine größere Anlage sind vorgesehen:

1 Pendelsäge, 1 Besäumsäge, 1 Tischkreissäge, 1 Genauigkeitskreissäge, 1 doppelte Abkürzkreissäge, 1 Bandsäge, 1 Trennbandsäge, 1 Durchbruchsäge, 1 Abrichtmaschine, 1 Dicktenhobelmaschine, 1 schwere Dicktenhobelmaschine, 1 Kehlmaschine, 1 Fräsmaschine, 1 Oberfräse, 1 Bohr- und Stemmaschine, 1 Kettenfräse, 1 Zinkenfräse, 1 Sandpapierschleifmaschine, 1 Ziehklingenschleifmaschine, 1 selbsttätige Messerschleifmaschine, 1 Schleifmaschine für Kreissägen, für Kehlmesser und Bandsägeblätter.

4. Anlage einer Einzelfabrikation.

Die Einzelfabrikation, wie es z. B. die Parkettfabrikation ist, bedingt große eigene Einrichtungen, insbesondere in bezug auf die Vorbereitung des Holzes (Abb. 248). Dazu sind hochleistungsfähige Einzelmaschinen erforderlich, durch welche sparsamster Schnittverlust und vollständig genaue Arbeit erzielt werden können.

Diese sämtlichen Werkstatt- und Fabrikeinrichtungen, ebenso die sämtlichen in diesem Buch abgebildeten Maschinen zur Bearbeitung des Werkstoffes und der Schnittware sind Erzeugnisse, wie schon eingangs erwähnt, von der Maschinenbauanstalt Kirchner & Co. A.-G. in Leipzig, von welcher Seite auch in dankenswertester Weise die Druckstöcke zu diesen Abbildungen zur Verfügung gestellt worden sind.

Schrifttumsverzeichnis.

Fachschrift Maschinenbau Der Betrieb vom V. D. I. 1935, Seite 453 über Sperrholz:

1. Über Eigenschaften und Herstellung von Furnieren und Sperrholz, Berlin 1930, Bd. I.

Verwendung von Furnieren und Sperrholz von Knight & Wulpi. 1931, Bd. 2.

2. Leimverbrauch beim Furnieren von Sperrholzplatten von H. Meeß. 1930, Bd. 2, S. 19.

Das Leimen des Holzes in der Praxis. Werksltg. von C. Blankenstein. 1933, Bd. 7, S. 175.

6. Biegen von Sperrholz von Jakobsohn. 1931, Bd. 4, S. 304, und 1935, Bd. 15, S. 6.

7. Holzbearbeitungsmaschinen der Gegenwart von Jakobsohn. 1932, Bd. II, S. 300.

8. Versuche mit Sperrholz verschiedener Verleimung von Krämer. 1930, Bd. 2, S. 193.

Prüfung von blockverleimten Tischlerplatten. Sperrholz. Von O. Gerngroß & A. Herrmann. 1931, Bd. 3, S. 151.

Die Prüfung von Schnitt- und Sperrholz von K. Riechers. 1933, Bd. 5, S. 135.

10. Grundlagen für Behandlung und Weiterverarbeitung von Sperrholz von G. Christians. 1930, Bd. 9, S. 380.

Das Fräsen von Sperrholz von C. Blankenstein. 1931, Bd. 3, S. 270.

Zweckmäßige Anwendung der Schleifmittel in der Holzbearbeitung von A. Sutter. 1935, Bd. 14, S. 325.

Sperrholz oder Schnittholz? Eine vergleichende Gegenüberstellung der Aufbereitung, Eigenschaften und Verwendung von Schnittholz und Sperrholz von G. Christians. 1927, Bd. 6, S. 73 u. 123.

Über Holzbearbeitung: 1935, Bd. 14, S. 31.

Forschungsarbeit auf dem Gebiet der Holzbearbeitung von E. Sachsenberg. 1930, Bd. 6, S. 501.

Festigkeitseigenschaften der Hölzer und ihre Prüfung von O. Graf. 1929, Bd. 8, S. 641.

Dauerbiegeversuche mit Hölzern von O. Krämer. 1930, Bd. 8.

Wichtige technische Eigenschaften der Hölzer von O. Graf. 1930, Bd. 9, S. 375.

Holzbiegetechnik, V. D. I., 1931, Bd. 75, S. 1217, und
Verbesserte Arbeitsverfahren in der Holzbiegerei von A. Prodehl. 1934, Bd. 13, S. 160.
Die Herstellung geschweifter Holzteile von C. Blankenstein. Werkst.-Technik. 1934, Bd. 8, S. 460.
Das künstliche Holztrocknen von P. Warlimont. 1929, Bd. 8, S. 649.
Künstliche Holztrocknung und Holzlagerung, A. W. F., 250, Berlin 1932, und
Trocknen und Dämpfen. Sperrholz. Von Kollmann. 1932, Bd. 4, S. 86.
Elektrische Holztrocknung von L. Ziegler. 1932, Bd. 31, S. 412.
Günstigste Holztrocknung von G. Voigt u. E. Ramspeck. V. D. I. 1934, Bd. 78, S. 245.
Der elektrische Einzelantrieb von Holzbearbeitungsmaschinen von Pöllath. Siemens. Z. 1929, Bd. 9, S. 703.
Die Bearbeitung des Holzes durch Schleifpapier von E. Sachsenberg. 1931, Bd. 7, S. 29.
Holzbearbeitungsmaschinen der Gegenwart von W. Jakobsohn. 1932, Bd. II, S. 300.
Fräswerkzeuge für maschinelle Holzbearbeitung von E. Dinglinger. Werksleiter. 1933, Bd. 7, S. 29.
Späneabsauge- und Transportanlage von Karg. 1928, Bd. 61, S. 553.
Zum wirtschaftlichen Betrieb der Holzbearbeitungsmaschinen von Sack. 1929, Bd. 5, S. 569.

Sachverzeichnis.

V

W

Z

Abb. 8. Vertikalgattersäge.

Abb. 9. Horizontalgattersäge.

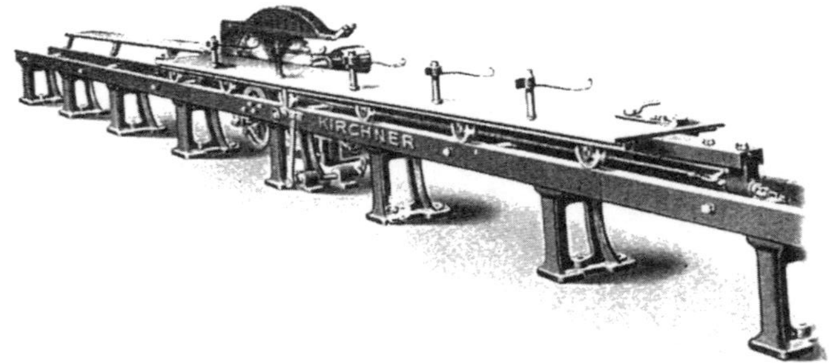

Abb. 10. Besäum-Kreissäge.

Abb. 11. Vertikale Hochleistungs-Blockbandsäge.

Abb. 34. Bandsäge.

Abb. 35a. Kreissäge.

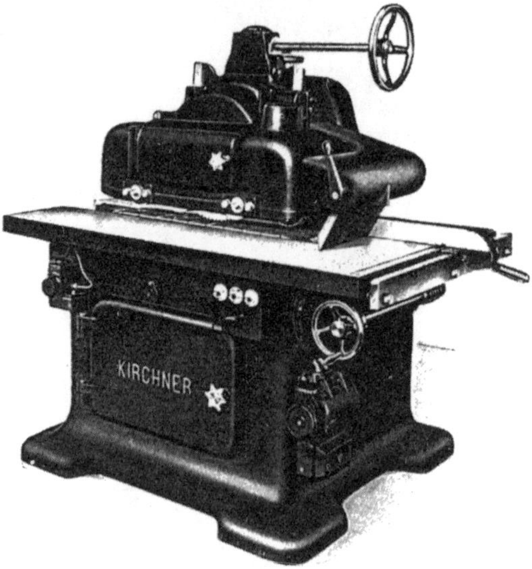

Abb. 35b. Kreissäge mit selbsttätigem Vorschub.

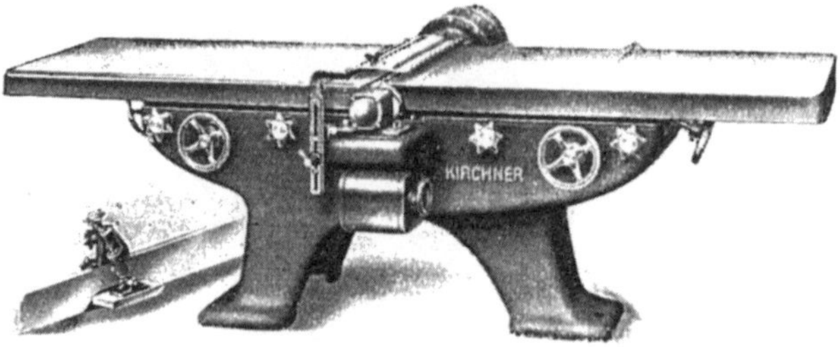

Abb. 36. Abrichthobel- und Fügemaschine.

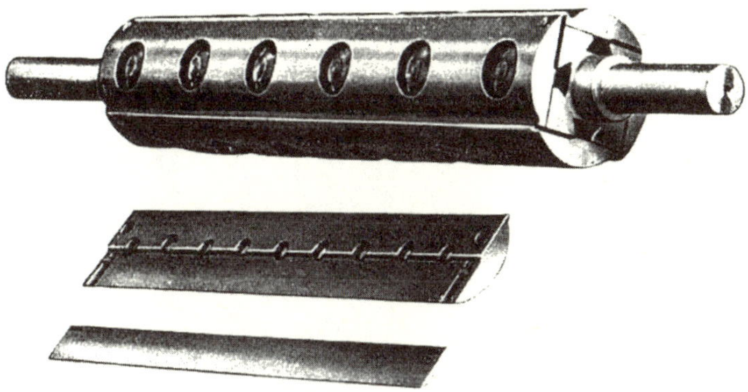

Abb. 37. Universalmesserwelle.

Abb. 38. Dicktenhobel- oder Walzenhobelmaschine.

Abb. 39a. Fräsmaschine.

Zu Abb. 39b.

Abb. 39b. Elektro-Oberfräse.

Abb. 39c. Elektro-Doppelkopiermaschine.

Abb. 40. Langlochbohrmaschine.

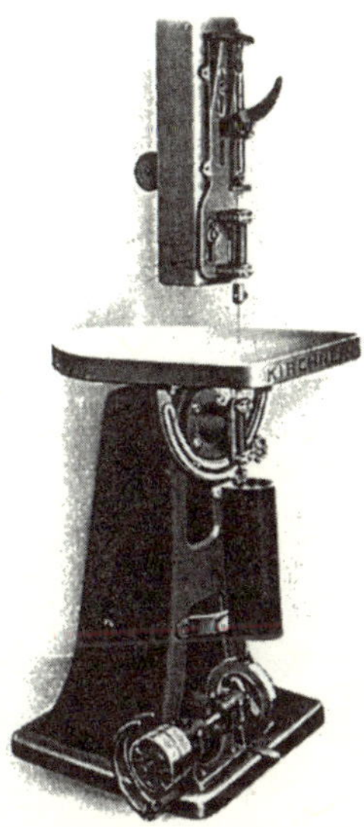

Abb. 41. Durchbruchsäge.

Abb. 42b. Dreizylinder-Sandpapier-Schleifmaschine.

Abb. 42a. Bandschleifmaschine.

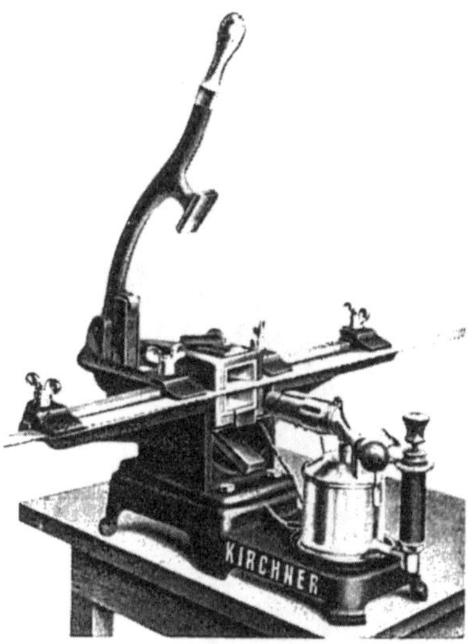

Abb. 43. Bandsägenlötapparat.

Abb. 44. Bandsägenfeil- und Schränkmaschine.

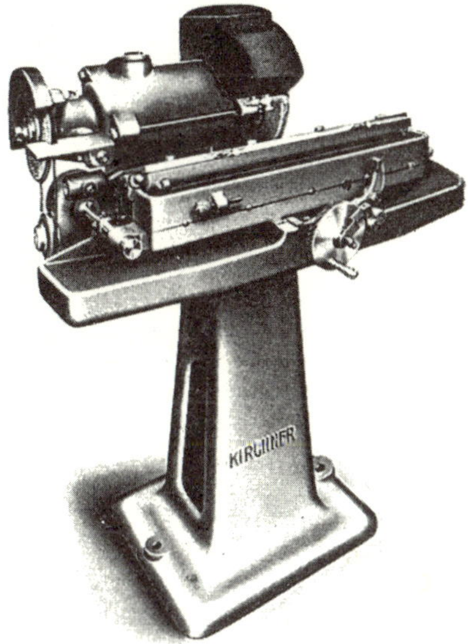

Abb. 45. Hobelmesserschleifmaschine.

Abb. 46. Vereinigte Bandsäge, Kreissäge, Langlochbohrapparat und Fräsmaschine.

Abb. 47. Universalhobelmaschine. Abrichthobel- und Dicktenhobelmaschine.

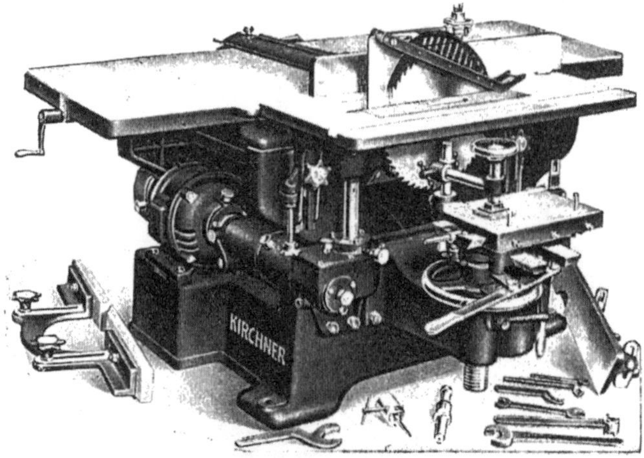

Abb. 47a. Universal-Elektro-Tischlermaschine zum Abrichten, Fräsen, mit Kreissäge und Langlochbohrapparat.

Abb. 47b. Fräsmaschine mit Kreissäge und Langlochbohrapparat.

Abb. 48. Friedrich Dampfsparmotor.

Abb. 49. Elektromotor.

Abb. 50. Verbrennungsmotor für Gas, Benzin, Spiritus usw.

Abb. 51. Sauggasanlage.

Abb. 52. Dieselmotor (Rohölmotor).

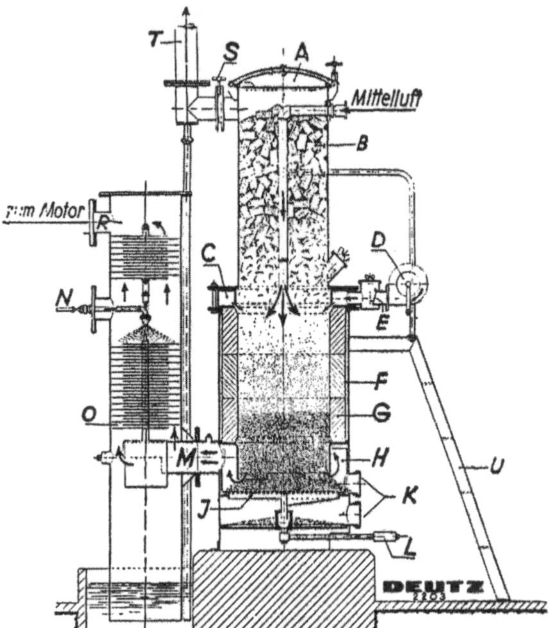

Abb. 52a. Deutz-Holzgasanlage.

Abb. 224. Bildschnitzmaschine von Wenzel & Co., Berlin-Adlershof.

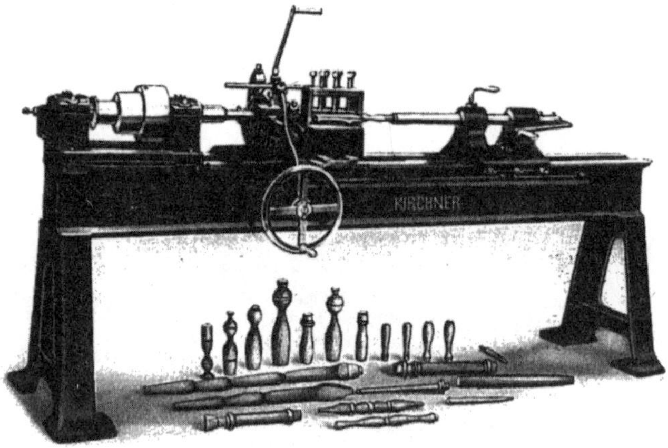

Abb. 232. Fasson-Drehbank.

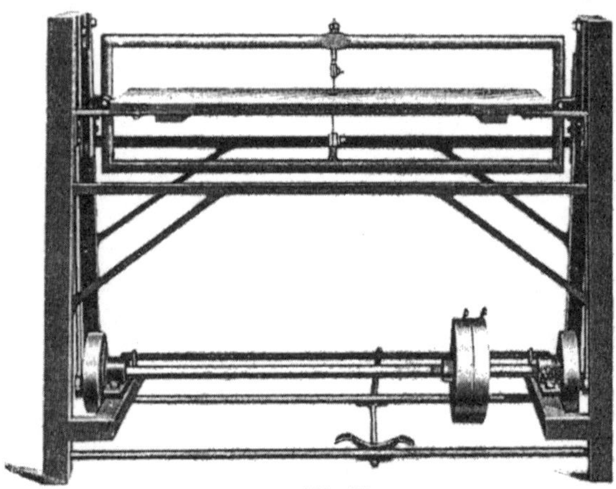

Abb. 239.
Intarsiensäge und Schneidemaschine von Paul Mayer,
Maschinenfabrik Böblingen, Württ.